RTM
Robot Technology Middleware
ではじめる
ロボットアプリ開発

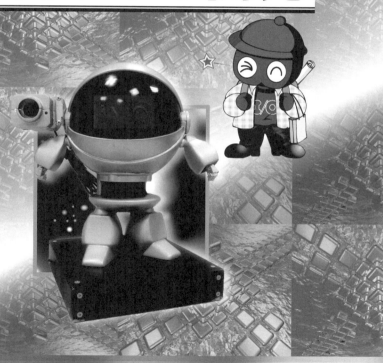

はじめに

　本書は、「RTミドルウェア」を活用した「ロボット・アプリケーション」の開発のための書籍です。

　読者として、「RTミドルウェアを知りたい人」、または、「ロボット・アプリケーション開発の、入り口に立ちたい人」の両方を想定した、「ロボット・ソフト」の入門書です。

＊

　私たちは、日本発の「ロボットソフト技術」である「RTミドルウェア」に、2003年から関わってきました。

　「RTミドルウェア」のコンセプトと設計思想の美しさに惹かれ、自社で積極的に活用しながら、並行して世の中への普及に努めてきました。

　近年、「RTミドルウェア」は、大学を中心に活用が進み、「ロボット・ソフト」の中核技術として育ちつつあります。

　一方で、「使い始めるまでのハードルが高い」という声を耳にすることが多いのも事実です。

　「使い始めるまでのハードルが高い」理由は、主に2つあると認識しています。

- そもそも「ロボット・システム」自体が難しい
- 「RTミドルウェア」を使うまでの手順が多い

　私たちは、本書でこの2つを払拭したい、と考えています。

　そのために、

(A) ダウンロードするだけで動く「ロボット・システム」を読者に提供し、まずは動かす。
(B) 動かしてみて興味をもったら、その上で詳細な内容に触れていく。

という構成で本書を書きました。難しいこと抜きの「実践重視」です。

　本書により、「RTミドルウェア」を知り、「ロボット・アプリ」開発の入り口に立つ人が一人でも多くなれば、幸いです。

（株）セック

RTMではじめる ロボットアプリ開発

CONTENTS

はじめに ……………………………………………………………… 3
サンプルファイルのダウンロードについて ……………………… 6

第1章　「RTミドルウェア」を知る

[1.1]「ロボットをつくる」ということ ……………………………… 7
[1.2]「RTミドルウェア」とは ……………………………………… 12
[1.3]「RTミドルウェア」の「適用事例」…………………………… 22
[1.4]「RTミドルウェア」の可能性 ………………………………… 27
コラム「RTミドルウェア」と「ROS」………………………… 29

第2章　「ロボット・システム」で遊んでみる

[2.1]「パソコン」を「ロボット」にする …………………………… 30
[2.2]『DANⅡ世と遊ぼう』アプリで遊んでみる ………………… 35
コラム「機能安全」対応の「RTミドルウェア」—「RTMSafety」… 49

第3章　「RTコンポーネント」による音声処理

[3.1]「音声処理部」が行なっていること …………………………… 50
[3.2]「音声処理部」の「RTコンポーネント」群 …………………… 53
[3.3]「音声入力」RTコンポーネント ……………………………… 54
[3.4]「音声認識」RTコンポーネント ……………………………… 55
[3.5]「会話制御」RTコンポーネント ……………………………… 57
[3.6]「音声合成」RTコンポーネント ……………………………… 60
[3.7]「音声再生」RTコンポーネント ……………………………… 61
[3.8]「音声処理部」で利用している既存の技術と知見 …………… 63
コラム「RTコンポーネント」のダウンロード ……………… 77

第4章　「RTコンポーネント」による画像処理

[4.1]「画像処理部」が行なっていること …………………………… 78
[4.2]「画像処理部」の「RTコンポーネント」群 …………………… 81

CONTENTS

[4.3]「画像入力」RTコンポーネント ……………………………… 81
[4.4]「網膜」の「模擬画像処理」RTコンポーネント …………… 83
[4.5]「顔検出」の「画像処理」RTコンポーネント ……………… 84
[4.6]「画像表示」RTコンポーネント ……………………………… 86
[4.7]「画像処理部」で利用している既存の技術と知見 ………… 87

第5章　「RTコンポーネント」による「アクチュエーション」と「シナリオ制御」

[5.1]「アクチュエーション処理部」が行なっていること ……… 100
[5.2]「アクチュエーション処理部」の「RTコンポーネント」 … 102
[5.3]「対話確認 端末アプリ」RTコンポーネント ……………… 102
[5.4] RTM on Android ……………………………………………… 104
[5.5]「シナリオ制御部」が行なっていること …………………… 107
[5.6]「シナリオ制御部」の「RTコンポーネント」 ……………… 109
[5.7]「シナリオ制御」RTコンポーネント ………………………… 109
コラム RTミドルウェア・サマーキャンプ …………………… 112

第6章　「RTコンポーネント」のプログラミング方法

[6.1]「RTコンポーネント」の仕様 ………………………………… 113
[6.2]「RTミドルウェア」開発環境の構築 ………………………… 127
[6.3]「RTコンポーネント」のプログラムに触れる ……………… 131
[6.4]「RTコンポーネント」のプログラムを拡張してみる ……… 144
[6.5]「RTコンポーネント」を新規に作る ………………………… 153
[6.6]「RTコンポーネント」を開発していくために ……………… 179

第7章　「ロボット・システム」への適用

[7.1]「ロボット・システム」への適用 …………………………… 184
[7.2] エピローグ …………………………………………………… 187
コラム RTミドルウェア・コンテスト ………………………… 188

おわりに ……………………………………………………………… 189
索　引 ………………………………………………………………… 190

●各製品名は、一般に各社の登録商標または商標ですが、®およびTMは省略しています。

サンプルファイルのダウンロードについて

本書のサンプルファイルは、サポートページからダウンロードできます。
また、動画もサポートページで見ることができます。

http://www.kohgakusha.co.jp/support.html

一部のファイルを解凍するには、下記のパスワードが必要です。

WbpC62Sfu7ex

すべて半角で、大文字小文字を間違えないように入力してください。

第1章

「RTミドルウェア」を知る

> 本章では、「RTミドルウェア」が産まれてきた背景と、「RTミドルウェア」の概要について説明します。
> 実践の前の予備知識として、軽い気持ちで読み流してください。

1.1　「ロボットをつくる」ということ

　「RTミドルウェア」がどういう技術かを述べる前に、「RTミドルウェア」が産まれた背景である、「ロボットをつくる」ということについて考えてみましょう。

■「ロボットをつくる」ことの難しさ

　21世紀は、「ロボットの世紀」と言われています。
　そんな中で、2013年には、Googleが「ロボット企業」を買収したり、2014年にはソフトバンクが「ロボット」の販売を発表したり、はたまた、日本の成長戦略に「ロボット」がキーワードとして入ってきたり、2020年の東京オリンピックも視野に入り、なにやら、世の中「ロボット・ブーム」の様相を呈してきた2015年です。

　一方、「ロボット」の技術開発は、1900年代の中頃から営々と積み上げられてきましたが、「実用化したロボット」は、自動車工場のラインなどで活躍する「産業用ロボット」だけです。
　人と関わり、人と共存して人の手助けをするような「ロボット」は実用化されていません。
　ましてや、「鉄腕アトム」のような、「人の形をして、人のように歩き、人のように賢く考えて、話ができるロボット」は、2015年の現時点では、実現は夢のまた夢、という感じです。
　ホンダの「ASIMO」や村田製作所の「ムラタセイサククン」など、有名なロボットもありますが、「おとぎ話」の域を出ません。

第1章 「RTミドルウェア」を知る

なぜでしょうか?

それは、「ロボットの技術」が非常に多岐に渡っており、一社では、技術開発も難しく、コストもかかるからです。

*

ホンダの「ASIMO」のような「人型ロボット」を開発する場合を例にとってみましょう。

「足を使って歩かせる」「自在に腕を動かす」「指でモノを掴む」などは**「機械」**および**「機械制御」**の技術です。

また、「ロボット」の「目」である「カメラ」では、「画像」から「物体の認識」をしないといけません。人と「会話」するためには、「音声の認識」をしなければなりません。「認識」のためには、「コンピュータの処理」が必要です。このような技術は、**「情報処理技術」**です。

「ロボット」に「コンピュータ」を搭載するには、「コンピュータ」の小型化が必要になりますし、「ロボット」が独立して動作するには「バッテリ」が必要です。

「ノート・パソコン」の例を見ても分かるとおり、「コンピュータの小型化や高速化」と「バッテリの持ち具合」は、「モバイル端末」の使い勝手に大きく影響し、「ロボット」でも死活問題になることは、容易に想像できることと思います。これらの技術は、**「エレクトロニクス」**の技術です。

はたまた、「ロボット」が振り上げた「腕」が、「人」にケガさせてしまっては、「人」と共存できません。また、「冷たく堅いロボット」と「握手」したり、「ハグ」したりしたくもないでしょう。

そのように考えると、「ロボットを作る素材」のことも考えなければいけません。これらは**「材料科学」**の分野になります。

*

「ロボットを作る」ためには、上記のような課題を1つ1つ克服していかなければなりません。

それら克服すべき課題は、それぞれの技術分野でも先端的な技術を必要と

[1.1]「ロボットをつくる」ということ

します。

しかも、上記は、ほんの一例にすぎません。

解決すべき課題は山のようにあり、その分野は多岐にわたります。

どれくらい多岐にわたるかは、**図 1-1** を見ていただければ一目瞭然です。

この図は、経済産業省が作っている「技術戦略マップ」から引用したものです。

「ロボット分野の技術マップと重要技術」 と題したこの図が、「ロボットを作る難しさ」を如実に表わしています。

私たちは、この表を見るたびに、ため息が出てきますし、絶望的な気持ちにもなります。

この「表」こそが、「ロボットの難しさ」そのものです。

しかも、「狭義の技術」だけではなく、「運用技術 リスクアセスメントに基づく運用」などという項目もあります。

技術を確保した上で、「人と共存する運用」が必要であり、そのためには、法整備も必要です。

「技術戦略マップ」には、「ロボットは、機械技術、エレクトロニクス技術、材料技術、情報通信技術等、幅広い技術の統合システムである」と書かれています。

第1章 「RTミドルウェア」を知る

図 1-1 「ロボット分野」の「技術マップ」と「重要技術」
(経済産業省技術戦略マップ2010 ロボット分野より引用)

(注) 重点化の評価
1. 日本の技術競争力優位、2. 共通基盤性、3. ブレークスルー技術、4. 市場のインパクト、
5. 基礎技術の開発が必要、6. 安全・安心の確保のために必要、7. 標準化の検討が望まれる技術

[1.1]「ロボットをつくる」ということ

図 1-1 に象徴されるように、「ロボット開発」は大変です。トヨタやホンダなど、世界に名だたる超大企業でなければ、とても一社だけで作り上げることはできません。

また、作り上げることができたとしても、開発コストが膨大になり、現実的なビジネスとはなり得ていないのが現状です。

■ 21 世紀のロボット社会を切り拓くために

それでは、21 世紀のロボット社会を切り拓くには、どうしたらいいのでしょうか。

その答は、

部品化

です。

「ロボット」の構成要素 1 つ 1 つを部品化し、各々の部品は、その筋の専門家に任せるのです。

専門家は自分の専門分野に集中して技術開発し、技術的な未到領域を克服するとともに、集中することでコストメリットも出ます。

そういう「部品」を集めて「ロボット」を組み上げることで、「ロボット」を「早く」「安く」、市場に投入することができるようになるのです。

私たちは、この方式を、「餅は餅屋」と言っています。

いい言葉があるものです。「餅は餅屋」「専門分野は、その筋の専門家に任せる」という考え方です。

私たちは、「情報処理」の専門家ですが、「機械」および「機械制御」のことはほとんど分かりません。

「情報処理」全般に渡る見識はありますが、「画像処理」や、「音声認識処理」などの特化した「情報処理」の知見はありません。

知らないことは、任せるのです。これが「部品化」の発想です。

＊

「部品化」して、「専門家の集約」でモノを作り上げるには、「取り決め」が必要になり、その「取り決め」（規格）をオープンにする必要があります。

この「部品化」と「規格のオープン化」が成功し、業界が発展した例が「パソコン業界」です。

IBM の「PC/AT 互換機戦略」です。

第1章 「RTミドルウェア」を知る

　IBMは、「パソコンを作るための仕様」を公開し、部品を提供するメーカーを全世界に広く募ることで競争を諮り、安くて優良な部品を集めることで、パソコンの劇的なコストダウンに成功しました。まさに、「餅は餅屋」です。

＊

　この「IBM互換機モデル」をロボットで行なおうとしているのが、本書の主題である「RTミドルウェア」です。

　「RTミドルウェア」で「ロボット」の「餅は餅屋」を進め、劇的なコストダウンによって、難しい「ロボット作り」を簡単にして、業界を起こそうとしているのです。

1.2 「RTミドルウェア」とは

それでは、「RTミドルウェア」とは、いったいどのような技術なのでしょうか。ここでは、「RTミドルウェア」の開発の歴史と機能や特徴を概観しましょう。

■「RTミドルウェア」の誕生

　「RTミドルウェア」は、2002年～2004年の3年間、「NEDO」（国立研究開発法人新エネルギー・産業技術総合開発機構）の「21世紀ロボットチャレンジプログラム」の、「ロボット機能発現のために必要な要素技術開発」の中で作られました。

　図1-2の丸で囲んだ部分です。

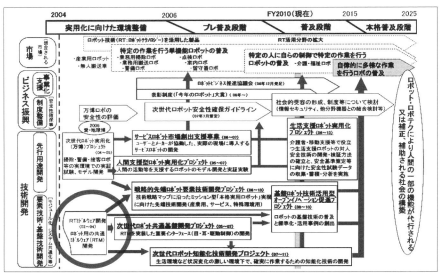

図1-2　ロボット導入のシナリオ（経済産業省技術戦略マップ2010 ロボット分野より引用）

[1.2] 「RTミドルウェア」とは

　図 1-2 は、前述の技術戦略マップの中の「ロボット分野の導入シナリオ」です。

　「RTミドルウェア」は、「国立研究開発法人」(当時は「独立行政法人」)の「産業技術総合研究所」(以降、「産総研」と称す)が中心となり、各種研究機関と連携して、仕様の、「策定」「研究」「実装」を行ないました。
　日本の国家戦略に基づいて作られたものなのです。

　国家戦略に基づいて開発された技術ですから、「RTミドルウェア」を開発した後は、この技術を使って、次のロボット技術開発が進められています。
　それが、「次世代ロボット共通基盤開発プロジェクト」であり、「次世代ロボット知能化技術開発プロジェクト」であるわけです。

　このようにして、「RTミドルウェア」や「RTミドルウェア関連技術」は、国家予算を投入して作られ、育てられてきたのです。
　また、日本国内だけでしか通用しない技術とならないように、技術開発と並行して、標準化活動も進められ、2008 年 4 月に国際標準化団体「OMG」(Object Management Group)で標準仕様として認められました。
　「OMG」とは、「オブジェクト指向設計のためのモデリング言語 UML (Unified Modeling Language) を標準定義した団体である」と言えば、分かる人も多いでしょう。

■「RTミドルウェア」とは

　それでは、「RTミドルウェアとは何か」ということを、具体的に説明しましょう。
　「RTミドルウェア」を知るために、まず、用語の定義から行ないます。

　「**RTミドルウェア**」の「**RT**」とは、「Robot Technology」の略です。
　「IT」(Information Technology) になぞらえて「RT」と言っている、と考えてください。

　「RT」とは、「鉄腕アトム」のような「二足歩行ロボット」や、工場のラインで働く「産業用ロボット」のような、いわゆる「ロボット」だけを指す言葉ではありません。

第1章 「RTミドルウェア」を知る

「RT」とは、

- 外界を認識し(**センシング**)
- 認識結果になんらかの知識処理を施し(**コントロール**)
- 外界に働きかける(**アクチュエーション**)

という3つの要素をもったシステムに関連する技術のことを指しています。

したがって、みなさんがイメージしやすい実体をもった「ロボット」だけではなく、「人が来ると自動的に廊下の灯りが点く」などというのも、「RT」の範疇だと考えてください。

*

次に「**RTミドルウェア**」という言葉です。

ここまで何気なく「RTミドルウェア」と言ってきましたが、「RTミドルウェア」を理解するために、もうひとつの言葉、「**RTコンポーネント**」という言葉を覚えてください。

前節で「RTミドルウェア」が産まれてきた背景について説明しました。

複雑かつ多岐に渡る技術開発が必要な「ロボット」を、「餅は餅屋」で簡単に早く作るために「部品化」と「規格のオープン化」を行なうのだ、と説明しました。

この「部品化」のための「ロボット部品」のことを「RTコンポーネント」と呼びます。

英語では「RTC」(Robot Technology Component)と書きます。

「RTコンポーネント」は、その「型」(フレームワーク)を決めています。

「型」を決めないまま、皆が勝手な「部品」を作ると、「部品」同士がつながらなくなってしまうからです。

前述の「OMG」で、この「部品の型」を「国際標準仕様」として決めました。
「**RTC標準仕様**」(Robot Technology Component Specification)です。

「部品化」と「規格のオープン化」です。

また、これまで使ってきた「RTミドルウェア」という言葉は、実は、「RTコンポーネント」の「実行環境用ソフト」のことでした。

「ロボット・システム」を「パソコン」にたとえれば、「RTミドルウェア」は、「OS」(Operating System)のようなもの、と考えればいいでしょう。

「パソコン」の「Windows」を思い浮かべていただければ、当たらずとも

[1.2]「RT ミドルウェア」とは

遠からず、です。

「RT コンポーネント」と「RT ミドルウェア」の関係を示したものが、**図1-3** です。この図で両者の関係が直感的に理解できると思います。

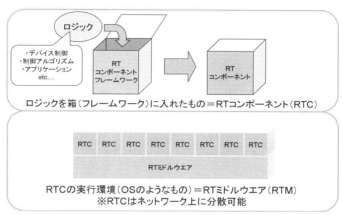

図 1-3 「RT コンポーネント」と「RT ミドルウェア」

規格化された「RT コンポーネント」は、言わば、「レゴブロック」のようなものだ、と考えてください。

したがって、「RT コンポーネント」を組み替えることで、いろいろな「ロボット」を簡単に早く作ることができるようになります。

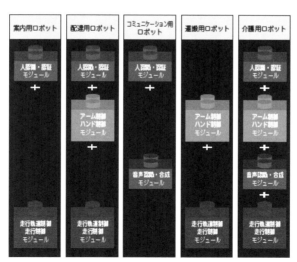

図 1-4　RT コンポーネントのイメージ図

第1章 「RTミドルウェア」を知る

■「RTミドルウェア」の種類

　もう一度整理します。

　「国際標準仕様」として決められているのは、「RTコンポーネント」の「型」のほうであり、「RTミドルウェア」とは「RTコンポーネント」の「実行環境」でした。

　したがって、「標準」に則って作られた「RTコンポーネント」が動作すれば、「RTミドルウェア」の実装自体は、誰でも自由にできるわけです。

　「RTミドルウェア」の実装は各所で行なわれています。

　中でも、「産総研」が作ってオープンソースで公開している「OpenRTM-aist」がもっとも有名で、2002年のプロジェクト発足当初から作っている"ご本家"です。

　また、ソフトベンダーが開発したものとしては、(株)セック(以下、「セック」)がメーカー保障している「RTミドルウェア」があります。

　「産総研」の「OpenRTM-aist」と「セック」の「RTミドルウェア」の一覧を以下に示します。

　この表を見れば、いろいろな「OS」の上で動き、さまざまな「開発言語」で「RTコンポーネント」を作ることができることが分かります。

表1-1 「RTミドルウェア」の種類

RTミドルウェア	開発者・条件	対応OS	RTコンポーネント開発言語
OpenRTM-aist	産総研 オープン・ソース	Linux Windows VXWorks Toppers	C++,Python,Java
OpenRTM.NET	セック 非商用のみ無償	Windows	C#,VB,VC++/CLI,F#,etc..
RTM on Android	セック 非商用のみ無償	Android	Java
RTMSafety	セック 有償	OS未使用 QNX Toppers	C
miniRTC/microRTC	セック 非商用のみ無償	OS未使用 Toppers	C

[1.2] 「RT ミドルウェア」とは

■「RT ミドルウェア」導入のメリット

　ここまでの説明で、「RT コンポーネント」と「RT ミドルウェア」の概要を理解できたと思います。

　次は、「RT コンポーネント」で部品化し、「RT ミドルウェア」の上で動作させることによって得られるメリットについて説明します。

＊

　「RT ミドルウェア」を使うことによるメリットは、以下の 6 点です。

① 「マルチ・プラットフォーム」化が容易
② ネットワーク上での「分散配置」
③ 「再利用性」の向上
④ 「選択肢」の多様化
⑤ 「柔軟性」の向上
⑥ 「信頼性」「堅牢性」の向上

①「マルチ・プラットフォーム」化が容易

　まず、「マルチ・プラットフォーム」化についてです。図 1-5 を見てください。

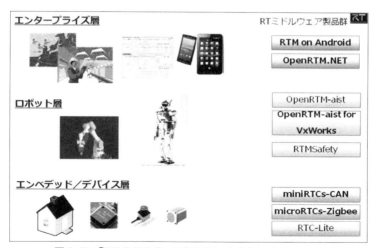

図 1-5　「RT ミドルウェア」のマルチ・プラットフォーム

第1章 「RTミドルウェア」を知る

この図を見て分かるとおり、「RTミドルウェア」の実装はたくさんあり、さまざまなコンピュータの上で動作します。

「スマートフォン」でも、「パソコン」でも、「マイコンボード」でも動作します。

また、単体の「ロボット」だけでなく、「ロボット周辺のシステム」や、「ロボット操作系のシステム」とも容易につなぐことができます。

② ネットワーク上での「分散配置」

次に、ネットワーク上での「分散配置」についてです。

「マルチ・プラットフォーム」と似ている話ですが、同一ネットワーク上に、さまざまな「ロボット」や「ロボット部品」を配置し、お互いを相互接続することができます。

ネットワーク上での「分散」のイメージを、**図1-6**に示します。

図1-6は、すべて異なる種類のコンピュータ資源上の「RTコンポーネント」を接続する絵になっていますが、もちろん、「Linuxマシン」や「Windowsマシン」が複数台あっても、かまいません。

「RTコンポーネント」は、同一ネットワーク上のどのマシンで動作させてもいいので、ネットワーク上で「分散配置」できるということは、計算機の「負荷分散」も容易にできる、ということになります。

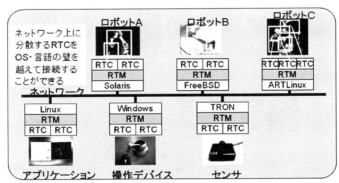

図1-6 「RTミドルウェア」によるネットワーク上での「分散配置」

③「再利用性」の向上

次に、「再利用性」の向上についてです。

[1.2]「RTミドルウェア」とは

　「RTコンポーネント」は「部品化」の技術ですから、「センサ・デバイス」の「コンポーネント」などは、その「センサ」と一緒に、さまざまな用途で使い回すことができます。

　たとえば、**図1-7**は、北陽電機製の「レーザーレンジ・ファインダ」という「センサ」の使用例です。
　この「センサ」を「ロボット」に組み込めば、「ロボットの周辺認識」に使えますし、「防犯システム」に組み込めば、「不審者の進入検知」に使えます。

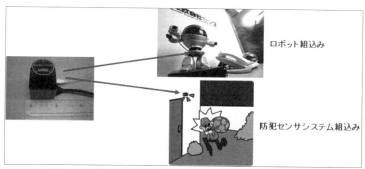

図1-7　「RTミドルウェア」による「再利用性」の向上

④「選択肢」の多様化

　次は、「選択肢」の多様化です。

　上記に挙げた「レーザーレンジ・ファインダ」は、北陽電機以外のメーカーでも販売しています。
　メーカーごとに、外装や重さ、大きさも違いますし、性能も異なります。
　「ロボット・システム」を作る側から考えると、システムの規模や要求性能ごとに「センサ」を使い分けたくなることがあります。
　このようなときに、センサを容易に入れ替えることが可能なシステムになっていると、システムの使い勝手がよくなります。
　「RTミドルウェア」を導入すると、「センサの入れ替え」を「ソフト」の変更なく行なうことができるようになります。
　イメージ図を**図1-8**に示します。

「RTミドルウェア」を知る

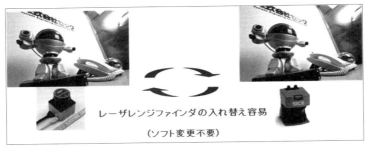

図1-8 「RTミドルウェア」による「選択肢の多様化」

⑤ 柔軟性の向上

次は、「柔軟性の向上」についてです。

図1-9は、私たちが作っている「ロボット・システム」の「RTコンポーネント」の構成図です。

合計6つの「RTコンポーネント」から成り立っています。
左端2つが「センサ入力」の「RTコンポーネント」で「センシング」、真ん中2つが「知識処理」で「コントロール」、右側が「外界への働きかけ」の「アクチュエーション」です。

本節の最初のほうで述べた、

・外界を認識し（**センシング**）
・認識結果になんらかの知識処理を施し（**コントロール**）
・外界に働きかける（**アクチュエーション**）

を体現しているシステムです。

たとえば、このシステムの「アクチュエーション」に「音声出力」を加えたいときには、点線の先にある「音声出力RTC」を加えることになります。
この拡張のときに影響を受けるのは、「ビジネスアプリRTC」だけで、他の「RTコンポーネント」は、影響を一切受けません。
したがって、「新規の機能追加」や、「システムの機能変更」を容易に行なうことができ、1つの核になるシステムを作ることで、柔軟性のある、さまざまな「ロボット・システム」を作ることが可能となります。

[1.2]「RTミドルウェア」とは

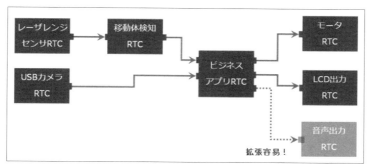

図1-9 「RTミドルウェア」による「柔軟性の向上」

⑥「信頼性」「堅牢性」の向上

最後に、「信頼性」や「堅牢性」の向上についてです。

もう一度 図1-9 を見てください。

「RTコンポーネント」は独立した部品です。ですから、上手く設計された「RTコンポーネント」で組み上げられたシステムでは、以下のことが言えます。

・「RTコンポーネント」単位でテストできるため、信頼性が向上する
・「RTコンポーネント」で分割されているため、一つの問題が全体に波及し難い

*

実は、「RTコンポーネント」を「上手く設計する」には少々コツが必要で、どんな作り方をしても「信頼性」や「堅牢性」が確保できる、というわけではありません。

このコツについては、**第6章**で触れることにします。

第1章 「RTミドルウェア」を知る

1.3 「RTミドルウェア」の「適用事例」

「RTミドルウェア」が産まれた背景や、「RTミドルウェア」とはどんなものかといった概要が理解できたところで、次は、「実際の適用事例」を見て、もう少しイメージを膨らませましょう。

■「ロボット防犯システム」「受付ロボット」

セックでは、2007年から「ロボット防犯システム」と称する「RTミドルウェア」を適用したシステムを育ててきました。

図 1-10 が、2007年当初の「ロボット防犯システム」です。「センサ」も「サーボ・モータ」もムキ出しでした。

システムの概要は、以下のとおりです。

- 「レーザーレンジ・ファインダ」で周囲をスキャン(**センシング**)
- 人を見つける(**コントロール**)
- 見つけた人にカメラを向ける(**アクチュエーション**)

そして、「カメラ」で取得している「映像」と、「レーザーレンジ・ファインダ」で周囲を監視している状況を、モニタ画面に表示する、ということをしています。

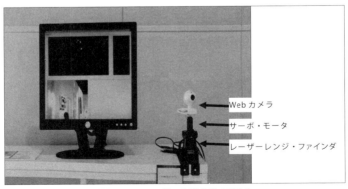

図 1-10 ロボット防犯システム

*

「レーザーレンジ・ファインダ」で周囲を監視している状況を、図 1-11 に示します。

[1.3]「RTミドルウェア」の「適用事例」

「レーザーレンジ・ファインダ」の視野に入ってきた人(ID:146,ID:147)を時々刻々と追い掛け、その軌跡をディスプレイに表示します。

同時に、複数人を追い掛けることができるので、「カメラ」と「サーボ・モータ」を増設すれば、複数の人間を別々に追い掛けて「カメラ」で撮影することもできます。

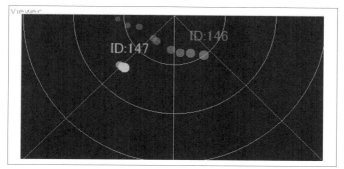

図 1-11　ロボット防犯システム追跡画面

＊

各所でこの「ロボット防犯システム」のデモや展示しました。

その中で、「センサの追加や変更」「表示内容の追加や変更」などの要望に応えるシステムを開発してきました。

そして、この「ロボット防犯システム」を発展させて作ったのが、図1-12の「受付ロボット」システムです。

「構成要素」も「基本的機能」も「ロボット防犯システム」と同じですが、(a)外形に「ロボット」の「殻」をかぶせ、(b)「レーザーレンジ・ファインダ」を小型化し、(c)「ロボット」の「顔の部分」に「液晶ディスプレイ」を付けました。

この「液晶ディスプレイ」に「目」を表示し、"「ロボット」と「人」の「距離」に応じて「表情」を変える"という機能を加えました。

図 1-12　受付ロボット

第1章 「RT ミドルウェア」を知る

「受付ロボット」の「コンポーネント構成」を、図 1-13 に示します。

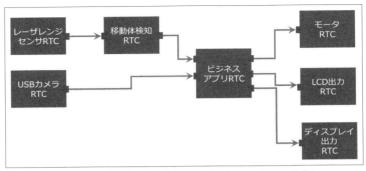

図 1-13 「受付ロボット」の「RT コンポーネント構成」

各「RT コンポーネント」の役割は、以下のとおりです。

- **「レーザーレンジ・センサ」RTC**
  → 「レーザーレンジ・ファインダ」からデータを取得する。
- **「USB カメラ」RTC**
  → 「USB カメラ」から「画像」を取得する。
- **「移動体検知」RTC**
  → 「レーザーレンジ・ファインダ」の「画像」から「移動体」(人)を検出する。
- **「ビジネス・アプリ」RTC**
  → 「移動体」の「座標位置」に向けて「モータ」RTC に指示を出す。
  → 「移動体」までの「距離」を判定して、「LCD 出力」RTC に「表情」の指示を出す。
  → 「USB カメラ」の「画像」を「ディスプレイ出力」RTC に「表示指示」する。
- **「モータ」RTC**
  → 「ビジネス・アプリ」RTC からの指示に従って、「サーボ・モータ」を制御する。
- **「LCD 出力」RTC**
  → 「ビジネス・アプリ」RTC からの指示に従って、「LCD 出力」する。
- **「ディスプレイ出力」RTC**
  → 「ビジネス・アプリ」RTC からの指示に従って、「ディスプレイ出力」する。

*

「受付ロボット」システムは、その後、さらに「拡張」を加え、現在では「Android タブレット」とも接続しています。

[1.3]「RTミドルウェア」の「適用事例」

　人を追い掛ける方法について、(a)「センサ」による「自動追尾」と(b)「タブレット」からの「遠隔操作」による「マニュアル追尾」の切り替えができるようにもなっています。

　「RTコンポーネント」で「部品化」し、「RTミドルウェア」上で動作させることで、前節で記載した、以下のメリットを享受したシステム作りができます。

・「マルチ・プラットホーム」化が容易
・ネットワーク上での「分散配置」
・「再利用性」の向上
・「選択肢の多様化」
・「柔軟性」の向上
・「信頼性」「堅牢性」の向上

■「認識科学」への適用

　「RTミドルウェア」は、複雑な「ロボット・システム」を作るために生まれた技術です。ですが、この技術の本質である「コンポーネント化」ということに着目すれば、「適用範囲」は「ロボット関連システム」に限る必要はありません。
　「コンポーネントでシステム」を組み上げる必要があるもの、「コンポーネント化」することによって、考えやすくなるものすべてに適用することが可能です。
　「コンポーネント」を、「一つの部品」「独立性の高い部品」であると考えて、適用先を考えてみてください。

＊

　具体的事例として、国立大学法人「電気通信大学」の佐藤俊治准教授の試みを紹介します。

　図1-14をご覧ください。
　この図は、「脳内の各部位」を「図」として描き起こしたものです。
　1つ1つが「脳の処理部位」だそうです。
　非常に入り組んでいますが、見事に「コンポーネント」の「集合」となっています。

第1章 「RT ミドルウェア」を知る

　佐藤先生は、「認識科学」の先生であり、「ロボット」研究者ではありません。しかし、この図を見て閃き、「脳内モデル」の研究に「RT コンポーネント」「RT ミドルウェア」を適用しようと考えました。

　佐藤先生によると、「認識科学」の先生方は、自分の「専門の研究部位」に特化して研究を進めたいそうです。
　そのためには、「他の部位」は「ブラックボックス」として扱いたいとのことです。
　これは、「ロボット」の先生方が、「認識」に特化したり、「歩行制御」に特化したりするのと、まったく同じ状況です。

　こうして、佐藤先生は、「認識科学」の「標準プラットフォーム」として「RT コンポーネント」「RT ミドルウェア」を普及させようと精力的に活動しています。

　佐藤先生からは、現状の「RT ミドルウェア」の使い勝手に対するコメントも多数いただいており、私たちも佐藤先生と一緒になり、「RT ミドルウェア」をより良い「プラットフォーム」にしていきたい、と考えています。

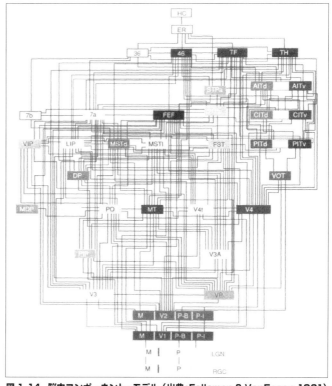

図 1-14　脳内コンポーネント・モデル（出典：Felleman & VanEssen, 1991）

1.4 「RTミドルウェア」の可能性

　ここまでの説明で、「RTミドルウェア」がどんな背景で産まれ、どんな技術なのか、が理解できたと思います。

　ただ、どんなに優れた技術でも、使われないことには、技術としての存在価値がありません。

　本章の締め括りとして、本節では、「RTミドルウェア」を活用するための私たちの考え方を示します。

■ 難しい技術を簡単に

　「RTミドルウェア」という「共通プラットホーム」を使うことによって、他者が作った「RTコンポーネント」を「ブラックボックス」として流用できるようになり、一人または一社だけではできないことを、実現できるようになります。

　「RTミドルウェア」は、素晴らしい技術だと思います。
　「ロボット」の発展のために必要な技術ですし、設計思想も美しいです。
　しかも、「国際標準仕様」のお墨付きももらっています。

　しかし、「OMG」での「標準化」から7年が経ちますが、「導入が難しい」「効果が分からない」という声がいまだに多くあります。

　前述の佐藤先生からも、

- 普通のプログラマが予備知識なしで使えるようにならないか？
- プログラミングできない人でも簡単に使えるようにできないか？

というご指摘もいただいています。

　もちろん、この技術の有用性を理解し、深く使っていける人が増えてくれば心配ありませんが、まだまだ食わず嫌いで、この技術に向き合えない人がたくさんいます。
　私たちは、この点をなんとかしたい、と考えています。
　技術は技術のためにあるのではなく、使われるためにあるのですから。

第1章 「RTミドルウェア」を知る

> 難しい技術を簡単に
> 難しいロボットを簡単に

というのが、この本の目的です。

*

改めて、なぜ難しいのか考えてみます。
「RTミドルウェア」を難しい、と考える人の意見は、

- インストールが難しい
- 動かすまでのハードルが高い
- 使える「RTコンポーネント」がどこにあるか分からない
- 何をどうしていいか分からない

という感じです。

「ミドルウェア」の理屈も分からず、使い方も分からない。
八方塞がりの状態です。

では、この八方塞がりの状態から脱却するためには、どうしたらいいのでしょうか。

そこで私たちが考えたのは、「リファレンスの提示」です。
まず、何も知らなくても使ってみることができる「リファレンス・プログラム」を、ダウンロードして使ってみる、というところから始めます。
そして使ってみて、面白がることができたら次に進めばいい、と考えます。

*

専門的な知識は不要です。自分の得意分野だけを追求して、あとは他人に任せましょう。

さあ、スタートです。

コラム 「RTミドルウェア」と「ROS」

「コンポーネント指向」でロボットを組み上げるという考え方は、「RTミドルウェア」の専売特許ではありません。同様のコンセプトをもった「ロボット用ミドルウェア」は、世界中で開発されています。

その1つに「ROS」(Robotic Operating System) があります。

*

「ROS」は、「OSRF」(Open Source Robotics Fundation) によって開発されており、米欧を中心に広がっているロボット用のミドルウェアです。

「RTミドルウェア」について話をすると、九分九厘、

> 「RTミドルウェアとROSのどちらが普及すると思いますか？」「最終的にはROSがすべてを席捲するのではないですか？」

といった質問を受けます。

しかし、この質問はナンセンスだ、と私たちは考えています。

その理由は、イメージ先行の感覚的な議論と考えるからです。

ユーザー数や世界的な拡がりなど、「長いものに巻かれる」ような議論だけになっており、実際に製品化するロボットへの適用や、メーカーの保証に関する議論にはなっていません。

*

ROSを使えば、ロボットが早く安く作れる、というのは、研究者の間でのことです。

メーカーが保証して製品化するロボットは、たとえROSを使っても、早く安く作ることはできません。

オープンソースで作られたROSやROS上で動くコンポーネント製品の品質を誰かが保証する必要があり、それにはコストがかかります。この点の議論が欠落しています。

*

これと同様の例は、「スマートフォン」における「Android」の開発モデルです。

Googleは、オープンなフレームワークだけ提供し、実際のスマートフォンの品質保証は、各端末メーカーがコストをかけて行なっているのが実体です。

ですから、Androidのスマートフォンが特別に低価格かというと、そうではありません。

*

もちろん、「オープン化」と「品質保証」の問題は、「RTミドルウェア」にもありますが、「RTミドルウェア」では、「(株)セック」がソフトウェアベンダーとして製品保証しているものがありますし、機能安全に関する認証を取得した「RTミドルウェア」も出荷しています。

*

私たちとしては、「RTミドルウェア」だけを持ち上げるつもりはありませんし、「ROS」に反旗を翻すわけでもありません。

ただ、充分な議論や検討をした上で、必要な技術でロボット社会を切り拓いていきたいだけです。

実務上は、「RTミドルウェア」と「ROS」の"ハイブリッド"でもいいかもしれません。それも、餅は餅屋です。

第2章
「ロボット・システム」で遊んでみる

ダウンロードしてすぐに使える「ロボット・システム」を用意したので、まずは何も考えずに遊んでみましょう。
本章では、この書籍のために開発したロボットシステム『DAN Ⅱ世と遊ぼう』アプリのインストールと、その遊び方について説明します。

2.1 「パソコン」を「ロボット」にする

「RTミドルウェア」を実際に使ってみましょう。
難しいことは一切抜きです。
「RTミドルウェア」を使った「ロボット・システム」を用意したので、とりあえず、動作させてみてください。

■ どんなシステムか

これからみなさんにインストールしてもらう「ロボット・システム」は、「コミュニケーション・ロボット」です。
そうです、ソフトバンクの「Pepper」や、タカラトミーの「OHaNAS」のような「コミュニケーション・ロボット」です。
みなさんのパソコンを、人と対話し、画像処理で人の顔を検出する「コミュニケーション・ロボット」にして遊んでみましょう。

最初に、「ロボット・システム」に名前を付けてみます。
「ロボット・システム」「ロボット・システム」……と言っても愛着が湧きません。親しみのもてる名前を付けてみましょう。

そうですね…工学社の月刊誌「I/O」のマスコットキャラ「DAN Ⅱ世」なんてどうでしょうか。
「DAN Ⅱ世」は、こんなキャラクターです。

[2.1]「パソコン」を「ロボット」にする

図2-1　DAN Ⅱ世

「DAN Ⅱ世」にできることは、以下のとおりです。

- あいさつ
  あなたの「おはよう」「こんにちは」「こんばんは」に応えてくれます。
- 問い掛けへの回答
  あなたの問い掛けに答えます。現在時刻、山の高さや、発明した人の名前などを教えてくれます。
- インターネットで調べてくれる
  あなたの問い掛けの答が分からないとき、インターネットを調べて答えてくれます。
- 適当な答を返す
  あなたの言うことを理解できないとき、適当な答を返します。
- あなたを見つけてくれる
  画像認識で、あなたの顔を見つけてくれます。

*

いかがでしょうか。

もちろん、製品として作られているものではありませんから、完全さ、という観点では、劣りますし、思うように動作しない場合もあります。
ですが、そこはご愛嬌として、「DAN Ⅱ世」で遊んでみてください。
この「DAN Ⅱ世」のロボットシステムを、以降、本書では『**DAN Ⅱ世と遊ぼう**』アプリと呼ぶことにします。

*

図2-2に、『DAN Ⅱ世と遊ぼう』アプリの処理の構成図を描きました。

第2章 「ロボット・システム」で遊んでみる

　詳細については、**第3章**以降で述べますが、『DAN Ⅱ世と遊ぼう』アプリの各処理の概要は、以下のとおりです。

・音声処理部

　「音声認識」（センシング）、「会話制御」（コントロール）、「音声出力」（アクチュエーション）を司ります。

　「マイク・デバイス」から入力されたあなたの声を「国立研究開発法人情報通信研究機構」（以降、「NICT」と称す）の「クラウド・サービス」を使って「認識し」、「NTT docomo」の「クラウド・サービス」を使って「応答を作成し」、再度「NICT」の「クラウド・サービス」を使って「音声合成」して「スピーカー・デバイス」から出力します。

・シナリオ制御部

　対話の内容によって、「アクチュエーション処理部」や「画像処理部」に指示を出す部分です。
　言わば、『DAN Ⅱ世と遊ぼう』アプリの「頭脳」とも言える部分。
　音声認識の結果や、画像認識の結果で、『DAN Ⅱ世と遊ぼう』アプリの「ふるまい」を決めています。
　「センシング」「コントロール」「アクチュエーション」の「コントロール」の部分です。

・アクチュエーション処理部

　「シナリオ制御部」の処理の結果、外界への「アクチュエーション」を司る部分です。
　『DAN Ⅱ世と遊ぼう』アプリでは、外界へのアクチュエーションには、Android端末を使っていますが、「ロボットアーム」などへの拡張も可能です。

・画像処理部

　その名のとおり、「画像処理」を司る部分です。あなたの顔を認識したり、人の網膜の働きを模擬したりする部分です。
　この「処理部」では、「画像処理」で有名な「オープン・ソース」である「OpenCV」ライブラリを使っています。

[2.1]「パソコン」を「ロボット」にする

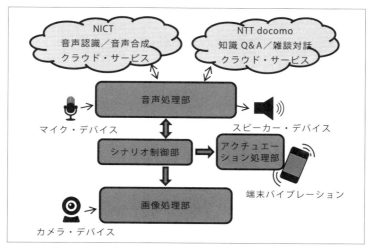

図2-2 「DAN II世と遊ぼう」アプリ処理構成図

*

さて、ここまで読んで、気づいた方も多いでしょう。

・「NICT」の「クラウド・サービス」を使っている。
・「NTT docomo」の「クラウド・サービス」を使っている。
・「オープン・ソース」の「OpenCVライブラリ」を使っている。

*

第1章で書いてあったことを思い出してください。

「ロボット」は「専門性」のある技術の集合であり、一社だけでつくるのは難しい。

したがって、「部品化」を行ない、「餅は餅屋」方式で、専門性のある部分は各々の専門家に任せる、と書きました。

『DAN II世と遊ぼう』アプリも、「キャラクター」は工学社オリジナルですが、中身は、外部の専門技術を活用しているのです。

「音声対話」も「画像処理」も、その筋の専門家が何年も研究しています。
それを、素人がイチから追い掛けて作るのは、時間の浪費です。
ですから、使えるものは使いましょう。合言葉は「餅は餅屋」です。
「ロボット」の「餅は餅屋」を実現する技術が「RTコンポーネント」であり、「RTミドルウェア」なのです。

第2章 「ロボット・システム」で遊んでみる

■「RTコンポーネント」構成と概要

『DAN II 世と遊ぼう』アプリがどのような「RTコンポーネント」から出来ているかを、**図2-3**に示します。

また、各々の「RTコンポーネント」の概要を、**表2-1**に示します。

各「RTコンポーネント」については、**第3章**以降で詳述するので、本項では、概要のみ押さえてください。

図2-2と合わせて見れば、理解が進むことでしょう。

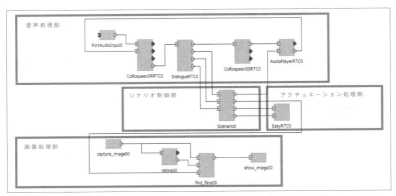

図2-3 「DAN II 世と遊ぼう」アプリRTコンポーネント構成図図

表2-1 『DAN II 世と遊ぼう』アプリRTコンポーネント概要

RTコンポーネント名	役割	概要
PortAudioInput0	音声入力	マイクから音声を入力。
CoRospeexSRRTC0	音声認識	「NICT 音声認識」のクラウドサービスを利用して「音声」を「テキスト」に変換。
DialogueRTC0	会話制御	「『NTT docomo』の知識Q&A」「雑談対話クラウドサービス」などを利用して、『DAN II 世と遊ぼう』アプリの応答を生成。
CoRospeexSSRTC0	音声合成	「NICT 音声合成クラウドサービス」を利用してテキストを音声に変換。
AudioPlayerRTC0	音声再生	スピーカーで音声を再生。
Scenario0	シナリオ制御	「音声処理部」と「画像処理部」および「アクチュエーション処理部」を協調動作させるコントロール。
EasyRTC0	対話確認端末アプリ	「Android 端末」で動作し、会話内容の「吹き出し表示」と端末のバイブレーション。
capture_image00	画像入力	「カメラ」から「画像」を取得。

[2.2]『DAN Ⅱ世と遊ぼう』アプリで遊んでみる

retina00	網膜模擬画像処理	「人の網膜」を模擬した画像処理。
find_face00	顔検出画像処理	「顔検出」の「画像処理」。
show_image00	画像表示	画像表示。

2.2 『DAN Ⅱ世と遊ぼう』アプリで遊んでみる

それでは、あなたのパソコンに『DAN Ⅱ世と遊ぼう』アプリを実際にインストールして、遊んでみます。簡単ですから、今すぐはじめてみましょう。

■ 準備するもの

準備するものは、以下のとおりです。

- インターネットに接続している「Windows パソコン」。
- マイク (パソコン内蔵でも外部接続でもかまいません)。
- Web カメラ (パソコン内蔵でも外部接続でもかまいません)。
- Android 端末 (Gingerbread 〜 KitKat(2.3 〜 4.4.4))。

*

「パソコンのロボット化」ですから、「パソコン」の用意は前提です。
「デスクトップ PC」でも「ノート PC」でもかまいません。
「インターネット」に接続している「Windows パソコン」を用意してください。

動作確認ずみの Windows のバージョンは、以下のとおりです。

- Windows 7　32bit 版
- Windows8.1　32bit 版

*

また、『DAN Ⅱ世と遊ぼう』アプリと音声対話を楽しむためには、「マイク」も必須です。
「マイク」は、「パソコン内蔵」のものでも、「外部接続」でもかまいませんが、「マイク」の良し悪しで「音声の認識率」が変わることは覚えておいてください。

「ロボット・システム」で遊んでみる

　私たちが試した中で、比較的安価で「認識率」の良かったマイクを以下に挙げておくので、参考にしてください。

・ロアス製 MMP-04

　『DAN II 世と遊ぼう』アプリは「画像処理」をするので、「カメラ」があれば楽しめますが、「カメラ」がなくても動作するので、手元に「Web カメラ」がない場合でも「インストール」に進んでください。

　また、「Android 端末」についても同様です。なくても動作するので、先に進んでください。

■『DAN II 世と遊ぼう』アプリ PC 版のインストール

　『DAN II 世と遊ぼう』アプリのインストールは簡単です。

[1]　工学社の「出版物サポート＆ダウンロード情報」のページ、

```
http://www.kohgakusha.co.jp/support.html
```

から入って、本書のサポートページのリンクをクリックしてください。

[2]　そのページにある「EasyRTC_RobotSystem.zip」をクリックして、ダウンロードします。

[3]　「EasyRTC_RobotSystem.zip」をダウンロードしたら、任意のフォルダに移動して、「zip ファイル」を解凍してください。

　「すべて展開」を選ぶと、**図 2-4** のインストール先を選ぶウィンドウが出ます。

[4]　好きなインストール先を選択して、「展開」を押してください。

　インストールはこれだけです。

[2.2]『DAN Ⅱ世と遊ぼう』アプリで遊んでみる

図 2-4　展開先確認ウィンドウ

■『DAN Ⅱ世と遊ぼう』アプリ Android 版のインストール

次に、『DAN Ⅱ世と遊ぼう』アプリの「Android 版」をインストールします。「Android 端末」を使わない方は、本項は読み飛ばしてください。

『DAN Ⅱ世と遊ぼう』アプリの Android 版は、「Google Play」から入手できます。「Google Play」で『DAN Ⅱ世』と入れて検索してください。

『DAN Ⅱ世と遊ぼう』アプリが見つかったら、インストールを押してインストールしてください。インストールの手順は、通常の Android アプリと同じですので、迷うことはないか、と思います。

図 2-5 Google Play 検索&インストール

第2章 「ロボット・システム」で遊んでみる

■『DAN Ⅱ世と遊ぼう』アプリを動かす (Android 端末を使わない場合)

インストールが完了したので、あなたのパソコンで『DAN Ⅱ世と遊ぼう』アプリが動きます。

さっそく遊んでみましょう。

---

[1] インストールされた「EasyRTC_RobotSystem」のフォルダを開いてください。**図2-6**のようになっていると思います。

[2] 「startバッチ」を起動してください。

起動はこれだけです。『DAN Ⅱ世と遊ぼう』アプリが立ち上がります。

図2-6 「DAN Ⅱ世」起動

『DAN Ⅱ世と遊ぼう』アプリは、立ち上げ初回だけは、**図2-7**のような「ファイアウォールの確認メッセージ」が複数出ます。

1つ1つのウィンドウで「アクセスを許可する」を選択してください。

この操作は初回だけで、2回目以降の立ち上げでは出ません。

[2.2]『DAN II世と遊ぼう』アプリで遊んでみる

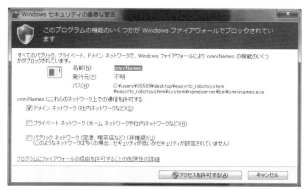

図2-7 ファイアウォールアクセス許可（初回のみ）

＊

『DAN II世と遊ぼう』アプリを立ち上げると、図2-8の「設定画面」と「コマンド画面」の2つが立ち上がります。

図2-8 「DAN II世」設定画面

「ロボット・システム」で遊んでみる

「設定箇所」は3箇所です。

① 「ネットワーク・プロキシ」を使用する
　→ 「プロキシ」を使ってインターネットにアクセスしている場合にチェックし、「プロキシ・アドレス」を設定してください。
　自宅などで、インターネットに直接アクセスしている場合は、チェック不要です。

② 「Androidアプリ」を使用する
　→ 後ほど説明します。
　まずは、「Androidアプリなし」で立ち上げましょう。
　チェック不要です。

③ 「プロフィール」を変更する
　→ 「プロフィール」を変えたい場合に、チェックして、変更してください。

設定が終わったら、「開始」ボタンを押しましょう。
「DAN Ⅱ世」とご対面です。

「開始」ボタンを押すとたくさんのウィンドウが立ち上がりますが、みなさんが使うのは、**図2-9,11,12**の3つのウィンドウです。

(A)　まず、「カメラ画像」のウィンドウ(**図2-9**)です。この画像が「DAN Ⅱ世」が見ている世界です。

図2-9　「DAN Ⅱ世」カメラ画像画面

[2.2]『DAN Ⅱ世と遊ぼう』アプリで遊んでみる

(A)' もし、「カメラ」が接続されていない場合には、「カメラ画像」の代わりに、**図2-10**が表示され、「あなたの顔」の代わりに、この「女性の顔」で「顔認識」します。

図2-10 「DAN Ⅱ世」カメラ画像画面（カメラ接続なしの場合）

(B) 2つ目のウィンドウは、**図2-11**の「対話モニター画面」です。
この画面に、ロボット「DAN Ⅱ世」と、あなたの会話が表示されます。

「対話」はもちろん「音声」で行ないますが、「音声」と同じ情報をこのウィンドウで見ることができるので、「音声認識」がうまくいかなかったときの参考にしてください。

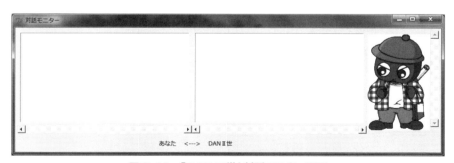

図2-11 「DAN Ⅱ世」対話モニター画面

第2章 「ロボット・システム」で遊んでみる

(C) 3つ目の画面は、**図2-12**の『DAN II世と遊ぼう』アプリの「終了画面」です。

終了したいときにこのウィンドウをアクティブにして、何かキーを入力してください。システムが終了します。

図2-12　「DAN II世」終了画面

＊

それでは、「DAN II世」に話しかけてください。
　まずは挨拶がいいでしょう。

　挨拶の次には、いろいろと聞いてみてください。

図2-13が会話の例です。
図を見ても分かるとおり、同じ問い掛け、同じ挨拶でも、反応は変わります。
あなたも「DAN II世」との会話を楽しんでください。

[2.2] 『DAN Ⅱ世と遊ぼう』アプリで遊んでみる

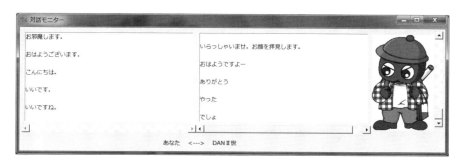

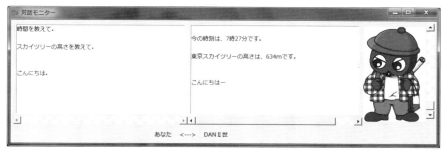

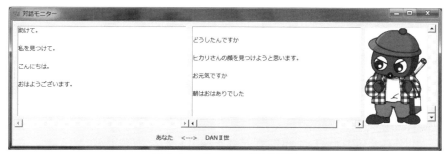

図2-13 「DAN Ⅱ世」対話例

「DAN Ⅱ世」との会話の途中で、

> 「申し訳ありませんが、クラウド上の音声認識サービスにはつながりません。」
> 「申し訳ありませんが、クラウド上の会話サービスにはつながりません。」

というメッセージが出ることがあります。

　前者は、なんらかの理由で「NICT」の「クラウド・サービス」が使えない場合に出力されます。

　後者は、「NTTdocomo」の「クラウド・サービス」が使えない場合に出力されます。

「ロボット・システム」で遊んでみる

　両者とも、「クラウド・サービス」が停止している場合か、たまたま反応が遅くて処理が間に合わなかった場合です。

　メッセージが続けて出る場合には「クラウド・サービス」が停止していると考え、日時を改めて遊んでみてください。

　時折出る場合には、問題ないので、そのまま遊んでください。

＊

　会話は、以下のように楽しんでください。

・**あいさつ**
　→日常のあいさつ会話には応えてくれます。

・**音楽をならす**
　→「音楽をかけて」「音楽をならして」で、音楽が鳴ります。

・**質 問**
　→以下のように話すと問い掛けになり、「～」の部分に回答します。
　　　　～を教えて
　　　　～か教えて
　　　　～について教えて
　　　　質問ですが～
　　　　質問だけど～

・**画像認識**
　→以下のように話すと画像認識で顔を検出します。顔を検出しているときには、**図2-14**のように、顔のところを四角で囲います。
　　　　私を見つけて……数秒間、顔検出制御
　　　　もしもし…………数秒間、顔検出制御
　　　　目を凝らして……数秒間、網膜模擬しながら顔検出制御
　　　　お邪魔します……数秒間、網膜模擬しながら顔検出制御

[2.2]『DAN Ⅱ世と遊ぼう』アプリで遊んでみる

図2-14　DAN Ⅱ世カメラ画像（顔検出時）

■『DAN Ⅱ世と遊ぼう』アプリを動かす（Android端末を使う場合）

次に、Android端末をつないでみましょう。
『DAN Ⅱ世と遊ぼう』アプリはいったん終了し、再度立ち上げます。

[1]　まずは、「Android端末の設定」です。

パソコンの「コマンド・プロンプト」（図2-15）を起動して、「ipconfig」と打ちます。

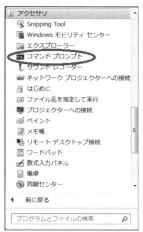

図2-15　「Windowsコマンド・プロンプト」の起動

「ロボット・システム」で遊んでみる

「ipconfig」と打った後に「コマンド・プロンプト」に表示される情報のうち、「IPv4 アドレス」を控えておきます。

[2] 次に、Android アプリを立ち上げます。
「Android アプリ」を立ち上げると、図 2-16 の画面が出ます。
この画面のホストアドレスのところに「IPv4 アドレス」を入力して、「接続」を押します。
これで Android 側の準備は完了です。

図 2-16　Android アプリ接続画面

[3] 次に、『DAN Ⅱ 世と遊ぼう』アプリを「Andorid アプリを接続する」のチェックボックスにチェックを入れます。
チェックを入れると図 2-17 の画面になります。

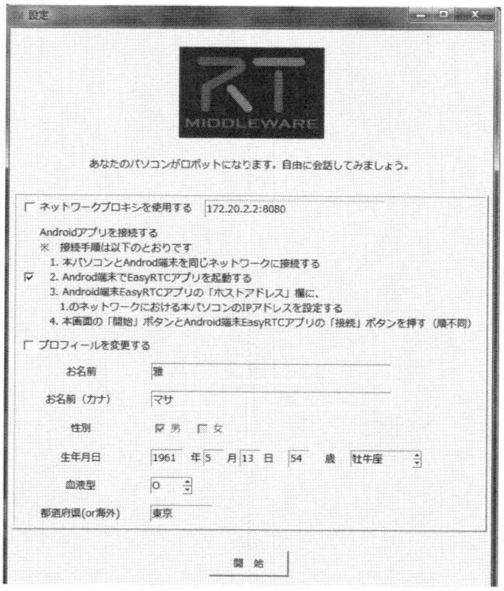

[2.2] 『DAN Ⅱ世と遊ぼう』アプリで遊んでみる

図2-17 「DAN Ⅱ世」設定画面（Android アプリ接続チェック時）

この状態で「開始」を押せば、Android 端末に接続して『DAN Ⅱ世と遊ぼう』アプリが立ち上がります（立ち上がりには少し時間がかかります）。

[4] 立ち上がった後の使い方は、接続しない場合とまったく同じです。

ただ、接続した場合には、会話のたびに「Android 端末」がバイブレーションし、「DAN Ⅱ世」とあなたとの会話が、Android 端末に LINE 風に表示されます（図2-18）。

図2-18 「DAN Ⅱ世」Android アプリ対話画面

「ロボット・システム」で遊んでみる

■ 楽しみながら進める

『DAN Ⅱ世と遊ぼう』アプリでうまく遊べたでしょうか。

うまく音声認識しないときがあり、困っている方もいるかもしれませんが、外部の知を使うだけで、ここまでのことができるのです。

音声処理も、画像処理も詳しいことを知らなくても、それなりに遊べる「ロボット・システム」が作れるのです。
これが、「餅は餅屋」方式です。
実感できたでしょうか。

*

「音声処理」にも「画像処理」にも「プログラミング」にも興味がない人は、この章までで終わりでかまいません。
ただ、もう一歩踏み込みたい人は、次章以降を読んでください。「音声処理」や「画像処理」の仕組みに触れることができ、自分でプログラミングして、『DAN Ⅱ世と遊ぼう』アプリを高度化する道筋を付けてあります。

自分で「ロボット・システム」を作ることができるなんて、ワクワクしませんか？
楽しみながら、前に進んでください。

コラム 「機能安全」対応の「RTミドルウェア」-「RTMSafety」

みなさんは、「機能安全」という言葉をご存知でしょうか。

簡単に言うと、「状態を監視したり、危険性を防御するための機能を付加したりすることによって、リスクを低減し、システムの安全を確保する」という考え方のことです。

対になる言葉として「本質安全」という言葉もあります。

*

ロボットの世界では、この「機能安全」という言葉が1つのキーワードになってきています。

工場のラインで動くような「産業用ロボット」でも、もちろん、安全に関する基準は定められており、運用されてきました。ただ、その基本は、人と同じ空間で動作しないことが前提の基準でした。

ところが、今後普及すると目されている「サービス・ロボット」では、人とロボットが同じ空間で協調したり、接触したりするのが前提です。

したがって、これまでの「産業用ロボット」に適用していた基準とは異なる、新しい安全基準の適用が必要となってきています。「ロボットの機能安全」という言葉がよく使われるようになってきているのです。

*

そのように「ロボットの機能安全」が問われる時代が間近に迫ってきている状況で、「RTミドルウェア」にも「機能安全対応」が必要です。

そこで、(株)セックでは、「国立研究開発法人 産業技術総合研究所」と共同で、「機能安全対応」の「RTミドルウェア」である「RTMSafety」を開発し、2012年から販売を開始しています。

「機能安全」の対応規格は「IEC61508」で認証を取得しています。

「サービス・ロボット」の安全規格には、「ISO13482」がありますが、「ISO13482」の制定は2014年です。

「RTMSafety」が認証受けたときには、「ISO13482」は制定されていなかったため、その上位規格の「IEC61508」の認証を取得したわけです。

下図に規格の「階層構造」を示します。「IEC61508」は、「B規格」で包括的な規格であり、「C規格」は、業界個別の規格です。

「ISO13482」も、自動車の機能安全の規格である「ISO26262」も「C規格」に位置しています。

したがって、「RTMSafety」は、「B規格」に対応したことで、「サービス・ロボット」にも、「自動車」にも容易に適応することが可能となっているのです。

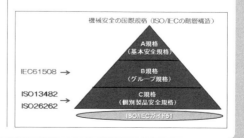

第3章
「RTコンポーネント」による音声処理

本章は、第2章で体験した『DANⅡ世と遊ぼう』アプリの、音声処理部についての解説です。

3.1　「音声処理部」が行なっていること

　『DANⅡ世と遊ぼう』アプリは、あなたが発した言葉に応じて、言葉や音楽を返してきました。そのため、「DANⅡ世」と、言葉でコミュニケーションをしているような感覚になったことと思います。

　この「言葉でのコミュニケーション」は、図3-1に示す「音声処理部」が担っています。

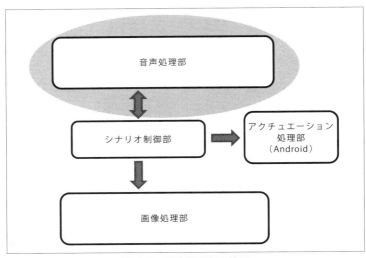

図3-1　音声処理部の範囲

■「音声処理部」の処理の流れ

　「音声処理部」は、以下の流れで動作しています。

[3.1]「音声処理部」が行なっていること

① 音を取り込む
まず、外から入ってくる音を取り込みます。これは、生物の耳にあたる機能です(以降、取り込んだ音のことを「音声データ」と称す)。

② 発話を検出する
次に、音声データの中から、言葉と推定される部分を抽出します。

これは、私たち人間などの高等生物は無意識に行なっていることです。この機能は「発話区間検出」と言います。

③ 言葉として認識する
発話区間を検出できたら、次は検出した区間の音を言葉として認識します。「音声認識」という機能です。

④ 意味を理解して応答を生成する
言葉として認識したら、単語に分解するなどして言葉の意味を推測して理解します。そして、それに相応しい応答を生成します。

応答は、「言葉」であったり「音楽」であったりしました。

⑤ 応答を音声化する
生成した応答が「言葉」である場合は、これを「音声データ化」します。この機能を、「音声合成」と言います。

⑥ 音を再生する
そして、生成した応答を、「音」として再生します。

第1章を思い出してください。「RT」(Robot Technology)の定義は、

・外界を認識し(**センシング**)
・認識結果になんらかの知識処理を施し(**コントロール**)
・外界に働きかける(**アクチュエーション**)

という3つの要素をもったシステムに関連する技術のことでした。

すなわち、『DAN Ⅱ世と遊ぼう』アプリの音声処理部は、これだけでも立派なロボットだと言えます。

「音声処理部」の処理の流れを、**図3-2**に整理します。

第3章 「RTコンポーネント」による音声処理

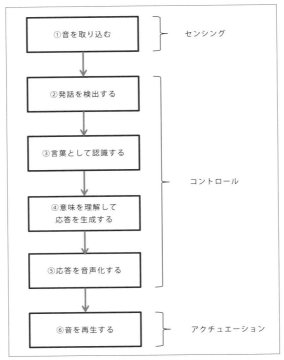

図3-2　「音声処理部」の処理の流れ

■「クラウド」利用による「餅は餅屋」の実現

　図3-2の中の「コントロール」の範囲は、専門的で、難しい処理です。

　最近は、「スマートフォン」でも「音声処理」を簡単に使える時代になっていますが、端末側で行なっていることは、「音」の「センシング」と「アクチュエーション」だけで、専門的で難しい「音声処理」の「コントロール」は「クラウド」上で行なわれています。

　『DAN II世と遊ぼう』アプリの「音声処理部」も同様に、専門的で難しい処理は「クラウド・サービス」を利用して実現しました。これぞ「餅は餅屋」です。　　　　　　　　　　　　＊

　具体的には、「音声認識」と「音声合成」に「NICT」のクラウド・サービスを使い、「意味理解」と「応答生成」に「NTT docomo」の(「docomo Developer support」の提供API(以降、ドコモAPIと称す))のクラウド・サービスを利用しています(**図3-3**参照)。

[3.2]「音声処理部」の「RTコンポーネント」群

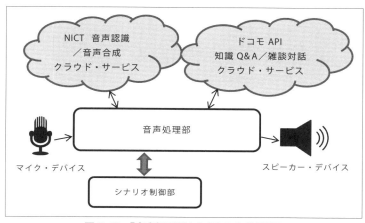

図3-3 「音声処理部」の「クラウド」利用

＊

今回は作りませんでしたが、「NICT」や「NTT docomo」の「クラウド・サービス」の代わりに、たとえば「Google」の「音声サービス」を使っても、同様の機能を実現できます。

3.2 「音声処理部」の「RTコンポーネント」群

図3-4に、『DAN Ⅱ世と遊ぼう』アプリの「RTコンポーネント構成」と「音声処理部」の範囲を示します。

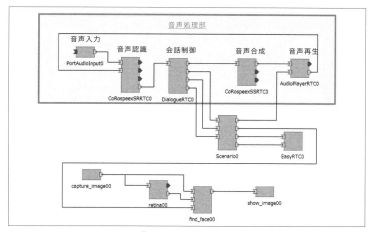

図3-4 『DAN Ⅱ世と遊ぼう』アプリ
「RTコンポーネント」の構成と「音声処理部」の範囲

「RTコンポーネント」による音声処理

図3-4から分かるとおり、「音声処理部」は以下の5つのRTコンポーネントで構成されています。

① 「音声入力」RTコンポーネント
② 「音声認識」RTコンポーネント
③ 「会話制御」RTコンポーネント
④ 「音声合成」RTコンポーネント
⑤ 「音声再生」RTコンポーネント

*

以降で、各々の「RTコンポーネント」の内容について説明します。

3.3 「音声入力」RTコンポーネント

■ 役割

本「RTコンポーネント」は、「マイク」から「音」を入力して「音声データ化」し、「音声データ」を出力します。

「3-1」で説明した「①音を取り込む」を担当しています。

■ 入出力

「音声入力」RTコンポーネントの入力を**表3-1**に示します。

表3-1 「音声入力」RTコンポーネントの入力

データ名	内容	備考
ゲイン情報	「オート・ゲイン・コントロール」用の「ゲイン・データ」	『DAN Ⅱ世と遊ぼう』アプリでは、使用せず
音	「マイク・デバイス」から入力	－

「音声入力」RTコンポーネントの出力を**表3-2**に示します。

表3-2 「音声入力」RTコンポーネントの出力

データ名	内容	備考
音声データ	「マイク・デバイス」から入力する「音」を「音声データ化」したもの	－

■ 内部処理

図 3-5 に、「音声入力」RT コンポーネントの「内部処理」の流れを示します。

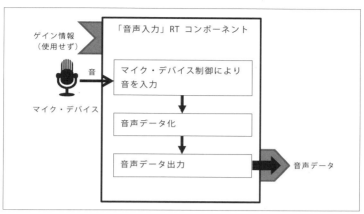

図 3-5　「音声入力」RT コンポーネントの「内部処理」

3.4　「音声認識」RT コンポーネント

■ 役割

本「RT コンポーネント」は、「音声データ」を入力して、「発話区間検出」と「音声認識」を行ない、「音声」を「テキスト化」して出力します。

「3-1」で説明した、「② 発話を検出する」および「③ 言葉として認識する」を担当しています。

■ 入出力

「音声認識」RT コンポーネントの入力を**表 3-3** に示します。

表 3-3　「音声認識」RT コンポーネントの入力

データ名	内　容	備　考
音声データ	音声データ	『DAN II 世と遊ぼう』アプリでは、「音声入力」RT コンポーネントから入力
音声認識処理「有効／無効」指定	「音声認識処理」の「無効化／有効化」を、外部から切り替えるための入力	「音声認識」RT コンポーネントの起動直後の「デフォルト状態」は、音声認識「有効」状態

第3章 「RTコンポーネント」による音声処理

「音声認識」RTコンポーネントの出力を**表3-4**に示します。

表3-4 「音声認識」RTコンポーネントの出力

データ名	内容	備考
認識結果および精度	「音声認識」で類推した「言葉」の候補と、各候補の精度	たとえば「フジサン」に対して、 1 富士山 80% 2 不二さん 10% … のように返すイメージ 『DAN Ⅱ世と遊ぼう』アプリでは使用せず
ステータス	「音声入力待ち」や「認識中」などの内部状態	『DAN Ⅱ世と遊ぼう』アプリでは使用せず
動作ログ	「音声認識」RTコンポーネント内部での動作状況を示す情報	『DAN Ⅱ世と遊ぼう』アプリでは使用せず
認識結果テキスト	「音声認識結果」を一つの候補に絞った「テキスト情報」	－

■ 内部処理

図3-6に、「音声認識」RTコンポーネントの内部処理の流れを示します。

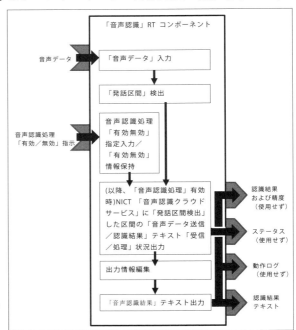

図3-6 「音声認識」RTコンポーネントの「内部処理」

3.5 「会話制御」RTコンポーネント

■ 役割

本「RTコンポーネント」は、「会話入力」となる「テキスト・データ」を入力して「テキスト」の「文字列解析」を行ない、「応答メッセージ」を生成・出力します。

「3-1」で説明した「④意味を理解して応答を生成する」を担当しています。

■ 入出力

「会話制御」RTコンポーネントの入力を**表3-5**に示します。

表3-5 「会話制御」RTコンポーネントの入力

データ名	内容	備考
問い掛けテキスト	会話のための問い掛け	『DANⅡ世と遊ぼう』アプリでは「音声認識」RTコンポーネントから入力

「会話制御」RTコンポーネントの出力を**表3-6**に示します。

表3-6 「会話制御」RTコンポーネントの出力

データ名	内容	備考
応答テキスト	生成した応答テキスト	―
指示コマンド	外部への指示	『DANⅡ世と遊ぼう』アプリ独自の「対話パターン」(後述)で、外部(シナリオ制御部)に対して、指示を出力する
中継用問い掛けテキスト	入力した問い掛けテキスト	簡易なモニター画面にも表示
中継用応答テキスト	生成した応答テキスト	簡易なモニター画面にも表示

■ 内部処理

図3-7に、「会話制御」RTコンポーネントの「内部処理」の流れを示します。

第3章 「RTコンポーネント」による音声処理

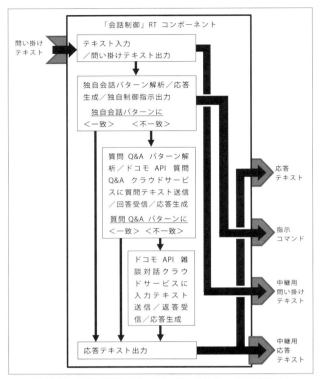

図 3-7 「会話制御」RT コンポーネントの「内部処理」

■ 特記事項

この「RT コンポーネント」の「会話制御」については、もう少し説明が必要です。

会話制御は、下記の 3 種類のロジックで構成されています。

- 独自会話制御
- 質問 Q&A 制御
- 雑談対話制御

1つ目は、『DAN Ⅱ 世と遊ぼう』アプリ独自の会話制御です。
表 3-7 に、『DAN Ⅱ 世と遊ぼう』アプリ独自の会話制御一覧を示します。

58

[3.5]「会話制御」RT コンポーネント

表3-7 『DAN II世と遊ぼう』アプリ独自の「会話制御」

入力テキストパターン	独自会話制御内容	応答メッセージ
「音楽をかけて」 「音楽をならして」	「シナリオ制御」RT コンポーネント（第5章参照）に、「音楽(ファンファーレ)再生」指示を送信	なし
「私を見つけて」	「シナリオ制御」RT コンポーネントに、「顔検出処理」指示を送信	「○○さんの顔を見つけようと思います。」(○○は、プロファイルに登録した名前)
「もしもし」	同 上	「はい、カメラにお顔を映してください。」
「目を凝らして」	「シナリオ制御」RT コンポーネントに、「網膜模擬」の「顔検出処理」指示を送信	「ヒトの網膜の働きを模擬しながら顔を探します。」
「お邪魔します」	同 上	「いらっしゃいませ。お顔を拝見します。」

　2つ目は、「ドコモAPI」の「知識Q&A」を利用して質疑を行なう制御です。本「RTコンポーネント」では、「知識Q&A」サービスを使うための「入力テキストパターン」ルールをもっています。

　表3-8に、「知識Q&A」による会話制御を示します。

表3-8 「知識Q&A」の「会話制御」

入力テキストパターン	「知識Q&A」制御内容	応答メッセージ
「〜を教えて」 「〜について教えて」 「〜か教えて」 「質問…ど〜」 「質問…が〜」	〜の部分を抜き出して「ドコモAPI」の「知識Q&A」クラウド・サービスに送信し、回答を「テキスト」で受信	「ドコモAPI」の「知識Q&A」クラウド・サービスから返却される回答

　3つ目は、「ドコモAPI」の「雑談対話」を利用して行なう「会話制御」です。
　1つ目、2つ目のどちらにも該当しないパターンの「入力テキスト」を「雑談対話」クラウド・サービスに送信し、「返答」を「テキスト」で受信します。
　「応答メッセージ」は、「雑談対話」クラウド・サービスからの「返答」になります。

*

第3章 「RTコンポーネント」による音声処理

ちなみに、この「RTコンポーネント」相当のものを独自に実装して差し替えれば、自由に「会話パターン」を作ることも可能です。

3.6 「音声合成」RTコンポーネント

■役割

この「RTコンポーネント」は、「発話用」の「テキスト・データ」を入力してNICTの「音声合成」クラウド・サービスに送信し、「音声データ」を受信して出力します。

「3-1」で説明した「⑤応答を音声化する」を担当しています。

■入出力

「音声合成」RTコンポーネントの入力を**表3-9**に示します。

表3-9 「音声合成」RTコンポーネントの入力

データ名	内容	備考
発話テキスト	音声データ化したいテキスト	『DAN Ⅱ世と遊ぼう』アプリでは、「会話制御」RTコンポーネントから入力

「音声合成」RTコンポーネントの出力を**表3-10**に示します。

表3-10 「音声合成」RTコンポーネントの出力

データ名	内容	備考
音声データ	「音声合成」した「音声データ」	―
ステータス	「テキスト入力待ち」や「音声合成中」などの内部状態	『DAN Ⅱ世と遊ぼう』アプリでは使用せず
リップシンク情報	合成した「音声データ」の各「単音長」などの「補助情報」	NICT「音声合成」クラウド・サービスで非対応のため、『DAN Ⅱ世と遊ぼう』アプリでは出力せず

■内部処理

図3-8に、「音声合成」RTコンポーネントの「内部処理」の流れを示します。

[3.7]「音声再生」RT コンポーネント

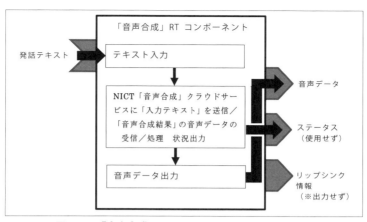

図 3-8　「音声合成」RT コンポーネントの「内部処理」

3.7　「音声再生」RT コンポーネント

■ 役割

本「RT コンポーネント」は、「音声データ」を入力して、「スピーカー・デバイス」から「音」として再生します。

また、「WAV 形式」の「音楽ファイル名」を入力するインターフェイスももち、本「入力インターフェイス」から「音楽ファイル名」を入力すると、当該の「音楽ファイル」を「音声データ」化して「スピーカー・デバイス」から再生します。

「3-1」で説明した「⑥音を再生する」を担当しています。

■ 入出力

「音声再生」RT コンポーネントの入力を**表 3-11** に示します。

表 3-11　「音声再生」RT コンポーネントの入力

データ名	内　容	備　考
音声データ	再生する音声データ	『DAN Ⅱ世と遊ぼう』アプリでは「音声合成」RT コンポーネントから入力
音楽ファイルパス	再生する「音楽ファイル」(WAV 形式)の「ファイル・パス」を示すテキスト	『DAN Ⅱ世と遊ぼう』アプリでは、「会話制御」RT コンポーネントから「音楽再生」指示が「シナリオ制御部」の「シナリオ制御」RT コンポーネント(**第 5 章**参照)

第3章 「RTコンポーネント」による音声処理

			に出力 これを受けて「シナリオ制御」RTコンポーネントが本「RTコンポーネント」に再生すべき「ファンファーレ」の「音楽ファイル名」を通知してくる

「音声再生」RTコンポーネントの出力を**表3-12**に示します。

表3-12 「音声再生」RTコンポーネントの出力

データ名	内 容	備 考
音	「音声データ」または「音楽ファイル」を「スピーカー」から出力	ー
音声データ	「スピーカー」から出力した「音」の「音声データ」	『DAN Ⅱ世と遊ぼう』アプリでは使用せず
音声認識処理「有効/無効」指定	「音声データ」を「スピーカー」から出力開始する前に、「音声認識処理」の「無効化」を、出力終了後に「有効化」を出力	ー

■ 内部処理

図3-9に、「音声再生」RTコンポーネントの「内部処理」の流れを示します。

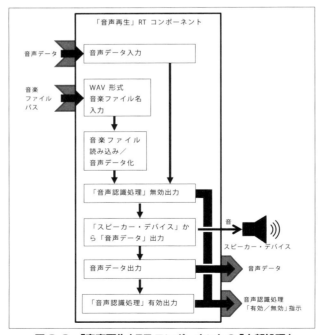

図3-9 「音声再生」RTコンポーネントの「内部処理」

3.8 「音声処理部」で利用している既存の技術と知見

『DAN II世と遊ぼう』アプリの「音声処理部」では、専門的で難しい処理はクラウド・サービスを利用していることはすでに述べました。

これを含めて、『DAN II世と遊ぼう』アプリの「音声処理部」の実装にあたっては、以下に紹介するさまざまな「既存技術」や「知見」を利用しています。

■ OpenHRI

「OpenHRI」は、「産総研」が中心となって開発している、「音声制御用」RTコンポーネント群のパッケージです。(http://openhri.net/)

私たちは、『DAN II世と遊ぼう』アプリの「音声処理部」の作成にあたり、「OpenHRI」を利用しました。

なぜなら、「OpenHRI」は、「RTミドルウェア」上で「音声処理」を行なう際に、最初に検討すべきリファレンスだと考えるからです。

*

ただし、利用の仕方についてはもう少し説明が必要です。

再び**第1章**を思い出してください。

次のような記述がありました。

『規格化されたRTコンポーネントは、言わば、レゴブロックのようなものだ、と考えてください。したがって、RTコンポーネントを組み替えることで、いろいろなロボットを簡単に早く作ることができるようになります。』

これが意味するところは、「部品化」された「RTコンポーネント」は、インターフェイスを規格化して合わせておくことで、同じ処理をする別の「RTコンポーネント」に差し替える自由度がある、ということです。

『DAN II世と遊ぼう』アプリの「音声処理部」は、(a)「OpenHRI」が提供している「RTコンポーネント」をそのまま使えるところはそのまま使い、

第3章 「RTコンポーネント」による音声処理

(b) 利用が難しいところは、普遍的なインターフェイスを踏襲し、差し替え可能で、より簡単に使える「RTコンポーネント」として新たに開発しました。

これは、「OpenHRI」の「RTコンポーネント」を増やすことにもつながると考えています(図3-10)。

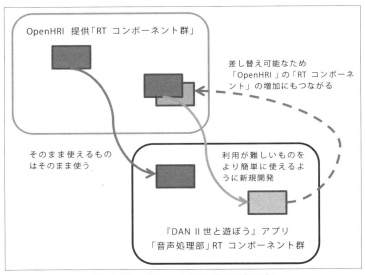

図3-10 「OpenHRI」利用の考え方

*

さて、「OpenHRI」は以下の4つのパッケージから構成されています。

① OpenHRIAudio パッケージ
② OpenHRIVoice パッケージ
③ SETSAT パッケージ (DialogManager パッケージ)
④ OpenHRIWeb パッケージ

*

各パッケージを簡単に紹介しつつ、『DAN II 世と遊ぼう』アプリの「音声処理部」での利用方法を解説していきます。

[3.8]「音声処理部」で利用している既存の技術と知見

■「OpenHRIAudio」パッケージ

「OpenHRIAudio」パッケージは、音の取り込みや再生のための「センシング」に対応する「RTコンポーネント」群です。

「取り込んだ音」を「音声」として処理しやすく加工する「RTコンポーネント」も提供されています。

● そのまま利用
《「音声入力」RTコンポーネント》

「OpenHRIAudio」パッケージに含まれる「PortAudioInput」を、そのまま利用しています。

● 普遍的インターフェイスを踏襲して新たに開発
《「音声再生」RTコンポーネント》

「OpenHRIAudio」パッケージの「PortAudioOutput」と「WavPlayer」の機能を併せもったものになっています。

機能的にはこれら2つのRTコンポーネントをそのまま使いたいところでしたが、そうしなかった理由があります。

「マイク」はパソコンが「スピーカー」から再生した音も拾ってしまいます。そのため、その音が「音声認識」RTコンポーネントに渡り、これを認識してしまう可能性があるのです。

これは、「あなた」と「DANⅡ世」の会話であるにもかかわらず、「DANⅡ世」が発した言葉を「あなた」の言葉として処理することにつながります。

すなわち、「音声処理部」としては「誤動作」です。

図3-11 「音声認識」の誤動作

これを抑止するために、『DANⅡ世と遊ぼう』アプリの「音声処理部」では、「音声再生」RTコンポーネントに「音声認識処理」の「有効／無効」指定の出力インターフェイスを追加し、2つの「RTコンポーネント」の機能を

第3章 「RTコンポーネント」による音声処理

まとめました。

そして、「音声認識」RTコンポーネントにフィードバックする機構を実現しました(**図3-12**)。

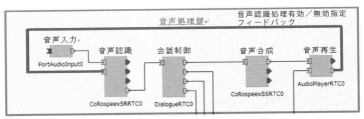

図3-12 「音声認識」の「誤動作防止フィードバック」

私たちは、「OpenHRI」としても、今後このインターフェイスが必要となる可能性はあると考えています。

すなわち、(a)「PortAudioOutput」や「WavPlayer」に本インターフェイスを追加拡張したり、(b)今回実装した「音声再生」RTコンポーネントを、「OpenHRIAudio」パッケージのラインナップとして追加したりする展開があるのではないか、と考えています。

■「OpenHRIVoice」パッケージ

「OpenHRIVoice」パッケージは、(a)「音声認識」や「音声合成」のための「RTコンポーネント」群と、(b)これらを使うサンプル的な「ユーティリティ・スクリプト」群です。

*

提供されている「音声認識」用のRTコンポーネントは、「Julius」という「音声認識ソフト」を利用するものです。

利用にあたっては、「Julius」の「インストール」や「設定」が必要です。

一昔前までは、現在のように「クラウド」上で「音声処理」を簡単に行なうことはできず、パソコンで「音声処理」を行なうには、そのための専門的なソフトを導入する必要がありました。

「Julius」は、「音声認識」用の専門的ソフトとして有名なものの一つです。

ですから、正しく設定し調整して上手く使えば、音声認識精度もそれなりに出ます。

ただ、使い方が難しく、なかなか普通の人が気軽に使えるとは言い難い

[3.8]「音声処理部」で利用している既存の技術と知見

ものです。

「OpenHRIVoice」パッケージの「Julius コンポーネント」を利用するには、「Julius」を使いこなす必要があります。

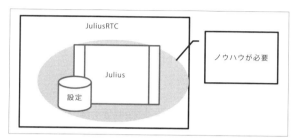

図 3-13　「Julius コンポーネント」のイメージ

＊

また、「OpenHRI」が提供する「音声合成」用の「RT コンポーネント」は、2 種類あります。

いずれも、やはりパソコン上に専門的なソフトを導入して利用するタイプです。

1 つは、(a)「日本語対応」の「音声合成ソフト」である「Open JTalk」を利用するもの。もう 1 つは、(b)「Festival」という「テキスト読み上げソフト」を利用するものです。

これらは、同じ入出力インターフェイスとなっており、目的に応じて使い分けることができるようになっています。

ただし、いずれも「Julius コンポーネント」と同様に、利用にあたっては「Open JTalk」や「Festival」の前提知識が必須となります。

● そのまま利用

なし

● 普遍的インターフェイスを踏襲して新たに開発
《「音声認識」RT コンポーネント》

「OpenHRIVoice」パッケージに含まれる「Julius コンポーネント」の普遍的インターフェイスを踏襲しつつ、NICT「音声認識」クラウド・サービスを利用する「RT コンポーネント」を新規実装しました。

第3章 「RTコンポーネント」による音声処理

この際、「Julius」に教える「認識ルール」の入力インターフェイスを削除し、「音声認識処理」の「有効／無効」指示を受ける入力インターフェイスを追加しています。

*

また、「音声認識結果」を外部に通知する際に、複数の候補と精度を出力するインターフェイスに加えて、候補を1つに絞って出力するインターフェイスを追加しました（**表3-4**参照）。

複数の候補を通知するということは、その中のどれを認識結果として採用するかを、外部の「RTコンポーネント」に委ねることになります。

私たちは、一つの認識結果に絞って通知したほうが、コンポーネント間の役割分担が明確になると考えました。

これは、「NICT」の「音声認識」クラウド・サービスの考え方とも合致するものです。

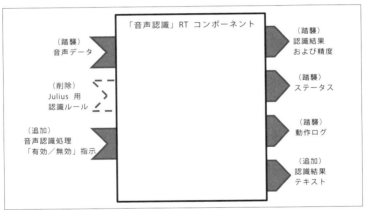

図3-14 「音声認識」RTコンポーネントにおける「OpenHRI」利用の考え方

《「音声合成」RTコンポーネント》

「OpenHRIVoice」パッケージに含まれる「OpenJTalk」コンポーネントや「Festival」コンポーネントとまったく同じインターフェイスを踏襲して、「NICT」の「音声合成」クラウド・サービスを利用する「RTコンポーネント」を新規実装しました。

したがって、本「RTコンポーネント」は、今すぐにでも「OpenJTalk」や「Festival」コンポーネントと差し替え可能です。

[3.8]「音声処理部」で利用している既存の技術と知見

■「SEATSAT」パッケージ

「SEATSAT」パッケージは、(a)「認識した音声」の「理解」や「応答生成」のための「会話処理」を行なう「RT コンポーネント」群と、これらを使うサンプル的な「ユーティリティ・スクリプト」群です。

「SEATSAT」で「会話処理」を行なうには、独自の「対話ルール」を定義して「RT コンポーネント」に読み込ませる必要があります。

・そのまま利用……なし
・普遍的インターフェイスを踏襲して新たに開発……なし

「SEATSAT」のように、「A」と聞いたら「B」と答える「対話ルール」をあらかじめ定義しておく「会話処理」は、これまでの音声対話技術としていちばん多い方法です。

一方、『DAN II 世と遊ぼう』アプリの「音声処理部」の「会話制御」RT コンポーネントは、「対話ルール」を決めておかなくても自由に会話できる「音声対話」を実現するために、「ドコモAPI」を利用して簡単に「会話処理」ができるようにした、独自の実装です。

■「OpenHRIWeb」パッケージ

「OpenHRIWeb」パッケージは、「OpenHRI」を利用する際の「音声データ」などの「データ・ストリーム」を「Web アプリ」で扱いやすい形式に変換する「RT コンポーネント」群です。

・そのまま利用……なし
・普遍的インターフェイスを踏襲して新たに開発……なし

『DAN II 世と遊ぼう』アプリは「Web アプリ」ではないため、利用していません。

百聞は一見にしかず、です。
「OpenHRI」は公開されているので、興味のある方は、ぜひインストールして使ってみてください。

第3章 「RTコンポーネント」による音声処理

「Julius」や「Open JTalk」も一緒にインストールできるインストーラも提供されています。

*

また、「Julius」や「Open JTalk」「Festival」も、それぞれ完成度の高いソフトです。きちんと勉強すれば使いこなすことは可能です。

『DAN II世と遊ぼう』アプリの「音声処理部」は、クラウド・サービスを利用しますが、ネットワークに繋がらない動作環境では動作しない、という弱点もあります。

こうした際には、パソコンの「ローカル環境」のみで動作する「Julius」などは強力なツールになります。

これらさまざまな技術を、互いに差し替えて使えるコンポーネントとして整備していくことは、システムの拡張性を高めることになります。

■ rospeex

「rospeex」は、「NICTユニバーサル・コミュニケーション研究所」にある「情報利活用基盤研究室」の「杉浦孔明主任研究員」が開発し公開している「クラウド型」の「音声コミュニケーションツールキット」です(K. Sugiura and K. Zettsu, "Rospeex: A Cloud Robotics Platform for Human-Robot Spoken Dialogues", In Proceedings of International Conference on Intelligent Robots and Systems (IROS), 2015. http://rospeex.org/top/)。

図3-15 「rospeex」のロゴ

*

「rospeex」は「ロスピークス」と読み、「ROS」(**第1章**コラム参照)上で動作します。

「rospeex」の「音声認識／音声合成」には、『DAN II世と遊ぼう』アプリの「音声処理部」が利用している「NICT」の「音声認識／音声合成」クラウド・サービスが利用されています。

私たちは、「rospeex」は大変優れた技術の実装だと考えており、今回の

[3.8]「音声処理部」で利用している既存の技術と知見

『DAN Ⅱ世と遊ぼう』アプリの「音声認識／音声合成」の「RT コンポーネント」の開発において、杉浦さんのご承諾をいただき、「rospeex」を模すことにしました。

*

『DAN Ⅱ世と遊ぼう』アプリを体験した方は分かると思いますが、「DAN Ⅱ世の声」や「話し方」は、まるでアニメの声優が話しているようです。

これが「rospeex」や『DAN Ⅱ世と遊ぼう』のアプリが利用している「NICT」の「音声合成」クラウド・サービスの、「日本語発話音声」の大きな特徴です。

他の多くの「音声合成ソフト」や「サービス」のような機械的な音声ではないため、巷でも人気上昇中です。

ちなみに、「NICT」の「音声合成」クラウド・サービスは、従来型の「機械的音声」による「発話」もできます。

*

図3-16 に「rospeex」の「システム構成」を示します。

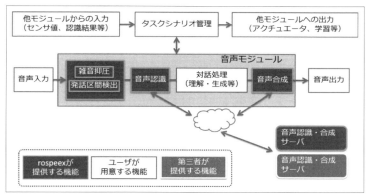

図3-16　「rospeex」のシステム構成
（出典　http://rospeex.org/architecture-ja/）

「rospeex」は、「音声入力」は「rospeex」外部でユーザーが用意する機能と位置づけています。

ただし、「rospeex」には「音声の入力」や「音声波形のモニター」を行なうことができる「GUI ツール」や「Web ツール」が同梱されており、簡単に音声を入力できます。

「入力された音声データ」は、「雑音抑圧」と「発話区間検出」処理を通って「音声認識」処理に渡ります。

第3章 「RTコンポーネント」による音声処理

「音声波形」のモニタは「雑音抑圧」および「発話区間検出」の結果も反映された状態でモニタできるようになっています。

図3-17に、「rospeex」の「波形モニタ」の例を示します。

音を波形で表示し、波形の振れ幅が大きい区間の前後に少しのマージンをつけて切り出している様子が分かります。

そして、特に発話区間が検出される前(左側)の波形を見るとよく分かりますが、定常的に入ってくる音を打ち消しています。これが「雑音抑圧」の効果で、これによって「発話区間検出」の精度も向上しています。

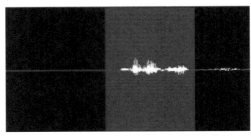

図3-17 「rospeex」の「雑音抑圧」「発話区間検出」状況モニター表示例

この「rospeex」の「雑音抑圧」と「発話区間検出」の「処理モジュール」は、大変優れているのですが、自由に使うことはできないものとなっています。

『DANⅡ世と遊ぼう』アプリは、みなさんがご自分の部屋などで楽しんでいただくことが目的なので、「雑音抑圧」は割愛しました。

ちなみに、「OpenHRI」の「OpenHRIAudio」パッケージには、「指定の周波数帯を強調」する手法で「雑音抑圧」を行なうRTコンポーネントはあります。

これを「音声入力」RTコンポーネントと「音声認識」RTコンポーネントの間に組み入れて利用することは可能です。

『DANⅡ世と遊ぼう』アプリの「発話区間検出」については、後述します。

*

さて、すでに述べたとおり「rospeex」の「音声認識」処理は、「NICT」の「音声認識」クラウド・サービスを使って「音声認識」を行ないます。

また、「Google」の「音声認識サービス」利用に切り替える機能も有しています。

図3-16の右下に「音声認識・合成サーバ」が2つあり、1つは「rospeex」

[3.8]「音声処理部」で利用している既存の技術と知見

が提供する機能で、もう1つは「第三者が提供する機能」となっているのは、これを表わしています。

『DAN II世と遊ぼう』アプリの「音声認識」RTコンポーネントの実装は、「rospeex」の「音声認識」処理における「NICT」音声認識クラウド・サービス利用の実装を模擬しています。

そこで、「CoRospeexSRRTC」と名づけました。

「Co」は、「Collaboration」の「Co」です。「SR」は、「Speech Recognition」の頭文字です。

*

図3-16に話を戻します。

「rospeex」は、「音声認識」処理から「認識結果テキスト」を「対話処理(理解・生成等)」に渡します。

『DAN II世と遊ぼう』アプリの「会話制御」RTコンポーネントに相当するものです。

「rospeex」においても、ここはユーザーが自由に「会話制御」を行なうためにユーザーが用意する機能となっています。

そして「対話処理(理解・生成等)」にて生成された「発話テキスト」が「音声合成」処理に渡り、ここで「NICT」の「音声合成」クラウド・サービス(「Google音声サービス」への切り換えも可)を利用して「音声データ」化されます。

これを、ユーザーが用意する機能「音声出力」で再生します。

『DAN II世と遊ぼう』アプリの「音声合成」RTコンポーネントの実装は、「rospeex」の「音声合成」処理における「NICT」の「音声認識」クラウド・サービス利用の実装を模擬しており、こちらも「CoRospeexSSRTC」と名づけました。「SS」は、「Speech Synthesis」の頭文字です。

*

勘の良い方は気付いていると思いますが、『DAN II世と遊ぼう』アプリの「音声処理部」の「RTコンポーネント構成」自体も「rospeex」のシステム構成とよく似ています。

クラウド型「音声コミュニケーション・ツールキット」としての優れた先輩の構成を参考にした結果です。

第3章 「RTコンポーネント」による音声処理

■ gWaveCutter

「gWaveCutter」は、「玉川大学脳科学研究所」の「下斗米貴之」さんが開発した「発話区間検出」RTコンポーネントです。

2013年度の「RTミドルウェアコンテスト」(**第7章**コラム参照)に「WEBサービスを利用した対話支援RTC群の開発」と題して出展された「RTコンポーネント」群の中の1つです。
(http://www.openrtm.org/openrtm/ja/project/contest2013_1B4-1)

ちなみに、本出展は「ウィン電子工業賞」を受賞しました。

＊

さて、そもそも「発話区間検出」はなぜ必要なのでしょうか。

『DAN II 世と遊ぼう』アプリの音声処理部のように、「クラウド・サービス」を利用して「音声認識」をさせる場合に、「発話区間検出」をしなかったらどうなるでしょうか。

そうすると、クラウドとの通信において拾った音を、常に送信し続けることになってしまいます。

それでは、せっかくの優れた「音声認識エンジン」でも、どこからどこまでを「音声」として認識してよいか分からなくなります。

そして何よりも、「ネットワーク」や「音声認識エンジン」が稼働しているサーバへの負荷をかけてしまうことになります。

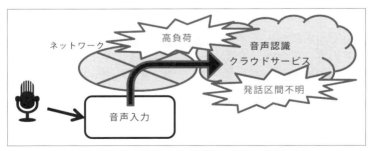

図3-18 「発話区間」の検出をしない場合の弊害

「rospeex」の優れた「発話区間」の検出処理は利用できなかったため、『DAN II 世と遊ぼう』アプリには、独自の実装が必要でした。

実は、今回の「音声処理部」で最も頭を悩ませたのが、この「発話区間検出」

[3.8]「音声処理部」で利用している既存の技術と知見

の実現方法でした。

「RTミドルウェア」でのシステム開発において、一から作ると難しかったり時間を要したりするこのようなシーンに、再利用可能な「RTコンポーネント」がすでに存在していると、これを再利用することで開発期間の短縮や開発コストの抑制になり大変有効です。

そこで、「発話区間検出」においても、過去に同じようなことを考え、解決している人はいないものだろうか……と探してみたところ、下斗米さんの「WEBサービスを利用した対話支援RTC群の開発」の中に「gWaveCutter」という「発話区間切り出し」の「RTコンポーネント」を見つけたのです。

言い回しが違いますが、紛れもなく「発話区間検出」を行なうものです。

この出展は、今回の『DAN II世と遊ぼう』アプリと同様に「NICT」の「音声認識／音声合成」クラウド・サービスを利用できるようになっています。

さらに「Google」のクラウド・サービスも使えるようになっています。

「利用技術」や「実現方法」の異なる「RTコンポーネント」を揃えれば、「RTコンポーネント」を差し替えることで、同じようなサービスを切り換えて使えるようにできます。

下斗米さんも同じように考えたのだと思います。発想としては、今回の『DAN II世と遊ぼう』アプリの「音声処理部」にとても近く、使える部分はそのまま流用しても良いぐらいの素晴らしいものです。

ただ、この「RTコンポーネント」は、「PyRTseam」(http://www.sec.co.jp/robot/download_rtm.html)というものを利用して作られています。

これは私たちセックのロボットサイトで公開しているものですが、「PyRTseam」を利用して作られている「RTコンポーネント」を動作させるためには、実行環境にも「PyRTseam」をインストールする必要があります。

今回の『DAN II世と遊ぼう』アプリは、本アプリ一式のみのダウンロードと解凍を行なうだけで、すぐに実行できるということを目指しました。

したがって、下斗米さんが出展された「RTコンポーネント」群をそのまま利用することは諦めました。

＊

話を「発話区間検出」に戻しましょう。

出展の中にあった「発話区間切り出し」コンポーネントの「gWaveCutter」も「PyRTseam」が必要なので、そのまま利用することはできません。

しかし、「gWaveCutter」は「Python」で書かれており、ソースコードも

第3章 「RTコンポーネント」による音声処理

公開されています。

ソースコードを確認したところ、「numpy」という「Python」の「数値演算ライブラリ」を利用し、「音声データ」を数値列化して数値演算を行なうことによって、「一定レベルより大きい音が一定時間継続する部分を切り出し、それを音声データに再変換する」という処理を行なっていました。

「rospeex」の紹介で示した図3-17からも分かるとおり、「音」は「波」であり「波形」をもっています。

その「波形」の「振れ幅」と「継続時間」により発話区間を切り出すことができるので、「gWaveCutter」の実装手法は、「発話区間検出」の「正攻法」です。

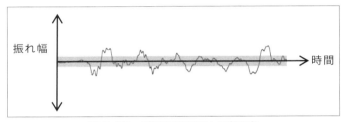

図3-19 「発話区間検出」の考え方

「CoRospeexSRRTC」も「Python」で記述しており、「Pythonスクリプト」を「Windows」の「exeファイル」化する「py2exe」を利用しています。このため、「gWaveCutter」の正攻法の実装ロジックを流用することにしました。

下斗米さんに感謝です。

そして、さすがは「RTミドルウェアコンテスト」です。

便利なのに埋もれている技術が、まだまだたくさん蓄積されているかもしれません。

ちなみに、「Pythonスクリプト」で記述して「py2exe」で「exe化」する手法は、「OpenHRIVoice」の各コンポーネントでも採用されています。

*

『DAN II世と遊ぼう』アプリの「音声処理部」が、「どのような仕組み」で「何を行なっているのか」分かっていただけたでしょうか。

次章では、「画像処理部」を解説します。

コラム 「RTコンポーネント」のダウンロード

本文では、「RTミドルウェア」は部品化の技術であり、「餅は餅屋」のための技術だと書いています。

自分の専門外の知識は、他の人が作っている既存のコンポーネントを拝借して使おうということです。

　　　　　　　＊

主なコンポーネント公開サイトは以下のとおりです。

本文で「RTミドルウェア」のことが理解できたら、さっそく、訪ねてみましょう。

● OpenRTC-aist (http://openrtc.org)
「産総研」の公開サイト。必要なコンポーネントを一通り備えている。

● RTミドルウェア・コンテスト
(http://www.openrtm.org/openrtm/ja/content/rtミドルウエアコンテスト)
「RTミドルウェア・コンテスト」(別コラム参照)の公開サイト。

ユニークな発想のコンポーネントや実用的なコンポーネントがあり、一見の価値あり。

● ysuga.net RTコンポーネント集
(http://ysuga.net/?cat=11)
「RTミドルウェア」のヘビーユーザー、菅さんの個人サイト。

有用なコンポーネントを揃えている。RTM入門サイトも必見。

● (株)セック
(http://www.sec.co.jp/robot/download_rtc.html)
(株)セックの「RTコンポーネント公開サイト」。

※本サイトで非公開のコンポーネントも多数あるので、お問い合わせください。

第4章

「RTコンポーネント」による画像処理

本章は、第2章で体験した『DAN II 世と遊ぼう』アプリの、「画像処理部」についての解説です。

4.1 「画像処理部」が行なっていること

『DAN II 世と遊ぼう』アプリの「画像処理部」では、「カメラ画像」をそのまま表示したり、「音声処理部」との協調により「顔検出」した状態を表示したりしました。

これらは、図4-1に示す「画像処理部」が担っています。

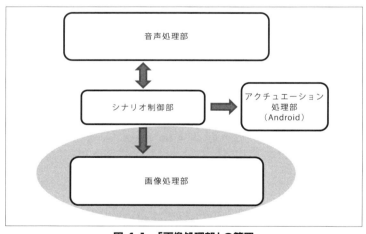

図4-1 「画像処理部」の範囲

■「画像処理部」の処理の流れ

「画像処理部」は、以下の流れで動作しています。

[4.1]「画像処理部」が行なっていること

①「画像」を取り込む

まず、「カメラ」で撮れる「画像」を取り込みます。

これは、「生物」の「目」にあたる機能です。

以降、取り込んだ「画像」のことを「画像データ」と称します。

②「画像データ」を加工する

「音声処理部」から「顔検出」(「私を見つけて」「もしもし」)や「網膜模擬」(「目を凝らして」「お邪魔します」)の指令があると、コンピュータが「顔」と認識した領域に「赤い四角形」が表示されたり、「画像」の見え方がガラッと変わって表示されたりしました。

このように、「画像データ」に何らかの変化を加えることを、「画像を加工する」と言います。

「顔検出」や「網膜模擬」をしていない場合の画像も、「そのままコピーする」という加工をしていると考えます。

整理すると、下記のいずれかの加工をしています。

・そのままコピー
・顔検出
・網膜模擬＋顔検出

③「画像データ」を表示する

そして、加工された「画像データ」を表示します。

表示される「画像」は、あたかも「映像」であるかのように動いていました。
これは、連続的に取り込みを繰り返して「画像データ」を流すことで実現しています。

すでに、気付いていると思いますが、『DAN II 世と遊ぼう』アプリの「画像処理部」もまた、

・画像取得 (センシング)
・画像データ加工 (コントロール)
・画像データ表示 (アクチュエーション)

の3要素で構成されています。

第4章 「RTコンポーネント」による画像処理

すなわち、これもまた、立派な「ロボット」と言えます。

*

「画像処理部」の処理の流れを、図4-2に整理します。

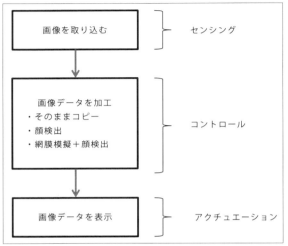

図4-2 「画像処理部」の処理の流れ

■「OpenCV」利用による「餅は餅屋」の実現

第3章で説明したとおり、「音声処理部」は専門的処理を「クラウド・サービス」を利用することで実現しています。

「画像処理」もまた、高度で専門的な処理です。
『DAN II世と遊ぼう』アプリの「画像処理部」は、「OpenCV」
(http://opencv.org/) という「画像処理ライブラリ」を利用して実現しました。
ここでも「餅は餅屋」を実践しているのです。
「OpenCV」については、「4-7」で改めて説明します。

4.2 「画像処理部」の「RTコンポーネント」群

図 4-3 に、『DAN Ⅱ世と遊ぼう』アプリの「RTコンポーネント構成」と「画像処理部」の範囲を示します。

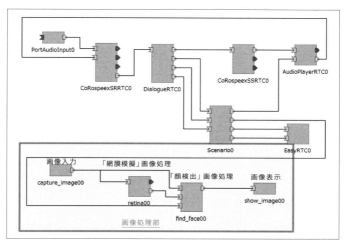

図 4-3 『DAN Ⅱ世と遊ぼう』アプリの「RTコンポーネント」の構成と、「画像処理部」の範囲

「画像処理部」は、以下の4つの「RTコンポーネント」で構成されています。

- 「画像入力」RTコンポーネント
- 「網膜模擬 画像処理」RTコンポーネント
- 「顔検出 画像処理」RTコンポーネント
- 「画像表示」RTコンポーネント

次頁以降、各々の「RTコンポーネント」の内容について説明します。

4.3 「画像入力」RTコンポーネント

■ 役割

本「RTコンポーネント」は、「カメラ」から「画像」を入力して「画像データ化」し、画像データを出力します。
「4-1」で説明した「①画像を取り込む」を担当しています。

第4章 「RTコンポーネント」による画像処理

■ 入出力

「画像入力」RTコンポーネントの入力を**表4-1**に示します。

表4-1 「画像入力」RTコンポーネントの入力

データ名	内　容	備　考
画　像	「カメラ・デバイス」から入力	－

「画像入力」RTコンポーネントの出力を**表4-2**に示します。

表4-2 「画像入力」RTコンポーネントの出力

データ名	内　容	備　考
画像データ	「カメラ・デバイス」から入力する画像を、「OpenCV」で扱う形式に「画像データ」化したもの	－

■ 内部処理

図4-4に、「画像入力」RTコンポーネントの「内部処理」の流れを示します。

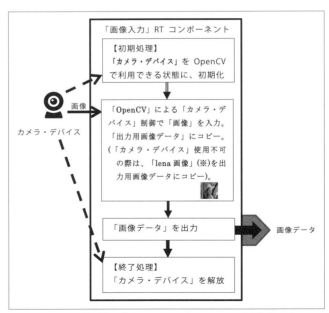

図4-4　「画像入力」RTコンポーネントの「内部処理」

※「画像圧縮アルゴリズム」の評価に、広く使われている「標準テスト・イメージ」

[4.4]「網膜模擬 画像処理」RT コンポーネント

4.4 「網膜模擬 画像処理」RT コンポーネント

■役割

この「RT コンポーネント」は、画像データを入力して網膜模擬画像を作成し、出力します。

「4-1」で説明した「②画像データを加工する」の中の、「網膜模擬」を担当しています。

「網膜模擬」の処理には、「OpenCV」の「cv::Retina」というクラスを利用しています。

■入出力

「網膜模擬 画像処理」RT コンポーネントの入力を**表4-3**に示します。

表4-3 「網膜模擬 画像処理」RT コンポーネントの入力

データ名	内容	備考
画像データ	未加工の「画像データ」	『DAN Ⅱ世と遊ぼう』アプリでは、「画像入力」RT コンポーネントから入力

「網膜模擬 画像処理」RT コンポーネントの出力を**表4-4**に示します。

表4-4 「網膜模擬 画像処理」RT コンポーネントの出力

データ名	内容	備考
magno 画像	「変化」に反応する「色情報」をもたない「網膜」の「模擬結果」画像	『DAN Ⅱ世と遊ぼう』アプリでは出力せず
parvo 画像	「光」に反応する「色情報」をもつ「網膜」の「模擬結果」画像	—

「OpenCV」の「cv::Retina」クラスでは、「magno」画像の作成と「parvo」画像の作成は独立した別の処理となっています。

それぞれの「画像」作成のための「内部計算」量は多く、普通のパソコンではかなりの時間がかかります。

このため『DAN Ⅱ世と遊ぼう』アプリでは、「magno 画像」の「作成処理」の呼び出しを割愛して、「parvo 画像」のみを作って出力するようにしました。

「parvo 画像」だけでも、処理時間の影響による画像表示の遅れは少し感じるとは思いますが、網膜模擬の雰囲気は充分に味わうことができます。

第4章 「RTコンポーネント」による画像処理

■ 内部処理

図4-5に、「網膜模擬 画像処理」RTコンポーネントの「内部処理」の流れを示します。

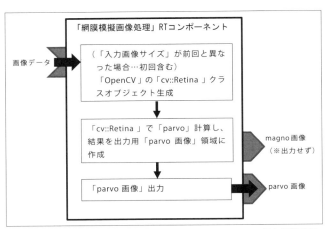

図4-5 「網膜模擬 画像処理」RTコンポーネントの「内部処理」

4.5 「顔検出 画像処理」RTコンポーネント

■ 役 割

この「RTコンポーネント」は、「画像データ」および「parvo画像」を入力して、以下のいずれかを実施します。

・そのまま「コピー」して出力する
・「顔検出処理」を実施し、「矩形」を重ねた画像を作成して出力する

「4-1」で説明した「②画像データを加工する」の中の「そのままコピー」および「顔検出」を担当しています。

「顔検出」の処理には、「OpenCV」にある「顔検出用」の「オブジェクト検出器」(haarcascade_frontalface_default.xml)を利用しています。

[4.5]「顔検出 画像処理」RT コンポーネント

■ 入出力

「顔検出 画像処理」RT コンポーネントの入力を**表 4-5** に示します。

表 4-5 「顔検出 画像処理」RT コンポーネントの入力

データ名	内容	備考
画像データ	未加工の「画像データ」	『DAN II 世と遊ぼう』アプリでは「画像入力」RT コンポーネントから入力
parvo 画像	「色情報」をもつ「網膜」の「模擬結果」画像	『DAN II 世と遊ぼう』アプリでは「網膜模擬画像処理」RT コンポーネントから入力
画像処理指示	「顔検出」または「(網膜模擬)+(顔検出)」の「画像処理」実施指示	『DAN II 世と遊ぼう』アプリでは「シナリオ制御部」の「シナリオ制御」RT コンポーネント(**第 5 章**参照)から入力

「顔検出 画像処理」RT コンポーネントの出力を**表 4-6** に示します。

表 4-6 「顔検出 画像処理」RT コンポーネントの出力

データ名	内容	備考
加工画像	何らかの加工を実施した「画像データ」	―

■ 内部処理

図 4-6 に、「顔検出 画像処理」RT コンポーネントの「内部処理」の流れを示します。

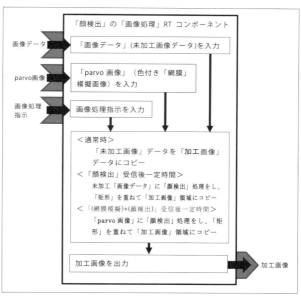

図 4-6 「顔検出」の「画像処理」RT コンポーネントの「内部処理」

第4章 「RT コンポーネント」による画像処理

4.6 「画像表示」RT コンポーネント

■ 役割

この「RT コンポーネント」は、「画像データ」を入力して表示します。
「4-1」で説明した「③画像データを表示する」を担当しています。
画像の表示には、「OpenCV」の「imshow」関数を利用しています。

■ 入出力

「画像表示」RT コンポーネントの入力を**表 4-7**に示します。

表 4-7 「画像表示」RT コンポーネントの入力

データ名	内　容	備　考
画像データ	表示する画像データ	『DAN Ⅱ世と遊ぼう』アプリでは「顔検出 画像処理」RT コンポーネントから入力

「画像表示」RT コンポーネントの出力を**表 4-8**に示します。

表 4-8 「画像表示」RT コンポーネントの出力

データ名	内　容	備　考
表示画像	表示ウィンドウに表示する画像	−

■ 内部処理

図 4-7 に、「画像表示」RT コンポーネントの「内部処理」の流れを示します。

図 4-7 「画像表示」RT コンポーネントの「内部処理」

4.7 「画像処理部」で利用している既存の技術と知見

『DAN Ⅱ世と遊ぼう』アプリの「画像処理部」では、「専門的処理」については「OpenCV」を利用していることは、すでに述べました。
これについて、もう少し詳しく説明します。

■ OpenCV

コンピュータで「画像処理」のプログラミングをしようとした場合、「フリー」で利用可能な「画像処理ライブラリ」として真っ先に思い浮かぶのが、「OpenCV」ではないでしょうか。
正式には「Open Source Computer Vision Library」と言います。

もともとは Intel が開発し公開した「オープン・ソース」の「コンピュータ・ビジョン」向けライブラリで、多くの機能が「関数」として提供されています。

その後、**第1章**のコラムで紹介した「ROS」を世に出した「Willow Garage」(https://www.willowgarage.com/) が開発を引き継ぎ、現在は「itseez」(http://itseez.com/) によって開発およびサポートが継続されています。

■「OpenCV」と「RT コンポーネント」

『DAN Ⅱ世と遊ぼう』アプリの「画像処理部」で「OpenCV」を利用するには、「OpenCV」の「関数」を「RT コンポーネント」化する必要があります。

「OpenCV」が提供する関数のいくつかについては、これまでにも「RT コンポーネント」化されてきています。
「産総研」の「OpenRTM-aist」にも何種類かの「OpenCV」コンポーネントがサンプル提供されています。

しかし、「OpenCV」が提供している「関数」の種類からすれば、提供されている「画像処理」の数はごく僅かです。
また、この「OpenCV」コンポーネントは、「RT コンポーネント」間で扱う「画像データ」の「型」を統一しようとして規定された「CameraImage」という「データ型」で、「RT コンポーネント」間に「画像データ」を流すようになっています。

第4章 「RTコンポーネント」による画像処理

「OpenRTM-aist」でサンプル提供されている「OpenCV」コンポーネントを利用しつつ、別の「OpenCV」関数も駆使して、いろいろな「画像処理」をしたければ、「RTコンポーネント」として提供されていない関数については、自分で「RTコンポーネント」化してつなぐことになります。

「OpenCV」の関数は、「画像データ」を「cv::Mat」という「データ型」で扱いますが、提供されている「RTコンポーネント」とつなぐには「CameraImage型」で扱う必要があります。

長い目で見て、「CameraImage型」が「統一規格」として定着していくのであれば、「CameraImage型」で「画像データ」を扱うことに慣れることは、決して悪いことではありません。ただ、「OpenCV」に慣れている人の中には、「cv::Mat」で扱えたほうが楽だと考える人もいるようです。

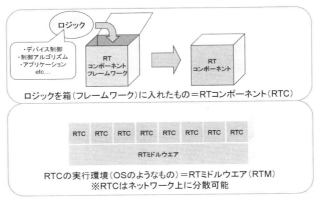

図4-8 「OpenCV」関数の「RTコンポーネント」化イメージ

■ OpenCV-RTC

こうした背景の中で、「電気通信大学大学院・情報システム学研究科」の「人間情報学講座」(http://www.hi.is.uec.ac.jp/www/index.html)という研究室で、画期的な「OpenCV」の「RTコンポーネント」が開発されました。

その名もずばり、「OpenCV-RTC」です。

＊

この研究室では、「ヒトの脳」の感覚や運動機能における「情報処理メカニズム」を明らかにする研究を実施しており、その中で「視覚系」の「メカニズム」の解明にも取り組んでいます。

[4.7]「画像処理部」で利用している既存の技術と知見

　具体的には、「ヒトの視覚現象」や「視覚細胞の働き」を「計算モデル」として考察し、「計算モデル」の振る舞いを、「コンピュータ・シミュレーション」で調べ、「モデル」の「妥当性検証」や新たな「心理実験の提案」や「結果の予測」をしています。

　「視覚系」の「計算モデル」の多くは、「画像処理関数」の組み合わせであり、「OpenCV」は、彼らにとっても非常に重要な「ライブラリ」です。
　「コンピュータ・シミュレーション」を行なう「計算モデル」は、「OpenCV」の「関数」をいくつも並べて「パラメータ」を調整する作業の繰り返しになります。
　そして、「シミュレーション」をしてみて、その「結果」から、また「次の調整」をかける。
　これらの「計算モデル」の構築・調整作業には、多くの労力と時間が必要になります。
　ここを、省力化・簡略化する技術として、「RTミドルウェア」に注目したのが、同研究室の「佐藤俊治」准教授です。

　この佐藤先生の取り組みについては、**第1章**でも紹介しました。
　「OpenCV関数」の並べ替えや「パラメータ調整」のほか、自分の専門部位以外の処理を「ブラックボックス」として組み込むことも含め、「RTミドルウェア」を利用して、各処理を独立した「RTコンポーネント」化することのメリットを見抜いたわけです。
　こうして、「OpenCV-RTC」が開発されました。

*

　これにより、本来注力したい研究の本質的なところに、労力や時間を多く充てることが可能になりました。
　その成果の一つとして、2014年8月には、この研究室から提案された「視覚的注意位置を予測する数理モデル」が「MIT(マサチューセッツ工科大学)Saliencyベンチマークテスト」で、世界総合一位の評価を獲得しました。(http://www.uec.ac.jp/news/prize/2014/20140811-2.html)

　彼らの取り組みは、2014年度の「RTミドルウェアコンテスト」(**第7章**コラム参照)にも「視覚脳科学研究を目的としたRTミドルウェアの応用と結果」と題して出展され、日本ロボット工業会賞およびベストサポート賞を受賞するなど、ここでも高評価を得ました(http://www.openrtm.org/openrtm/

第4章 「RTコンポーネント」による画像処理

ja/project/contest2014_2)。

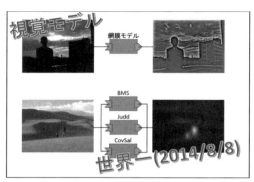

図4-9 『「視覚脳科学」研究を目的とした「RTミドルウェア」の応用と結果』イメージ画像

「OpenCV-RTC」は、「数理モデル共有」「モデル間結合」「大規模モデルシミュレーション」のための「統合開発環境」である、「HI-brain」(エイチアイ・ブレイン)(http://hi-brain.org/)の一構成品として公開されています。

■ 利用者から見た「OpenCV-RTC」

「OpenCV-RTC」は、「OpenCV 2」に対応しています。

『DAN II世と遊ぼう』アプリの「OpenCV-RTC」は、「OpenCV 2.4.10」の関数を「RTコンポーネント」化したものです。

*

以下に、利用者から見た「OpenCV-RTC」の特徴を挙げます。

---

① 「OpenCV」が提供している「関数」1つ1つを、そのまま独立した「RTコンポーネント」化している。
② 「OpenCV」関数の「入力/出力」画像データを、「OpenCV」の利用者に分かりやすい「cv::Mat型」で、そのまま「RTコンポーネント」の「入力/出力」データ化している。
③ 「OpenCV」の「関数」の働きを調整するパラメータが「RTコンポーネント」の「コンフィギュレーション」化されており、適切な初期値も設定されている(「コンフィギュレーション」については**第6章**に説明します)。
④ 提供関数一覧から任意の使用したい関数を選択することで、対応する「RTコンポーネント」を起動できる。
⑤ 「RTコンポーネント」として起動した「関数セット」を、保存、復元できる。

[4.7]「画像処理部」で利用している既存の技術と知見

⑥「OpenCV-RTC」の各「RTコンポーネント」で組み上げた計算モデル(各「RTコンポーネント」の「接続状態」や調整した「コンフィギュレーション」の値)も保存、復元できる。

⑦「画像イメージ」や「画像マトリクス・データ」の「連続読み込み」や「連続書き出し」を行なうなど、便利な独自処理も、「OpenCV-RTC」の中の「RTコンポーネント」として提供されている。

⑧「関数」は「RTコンポーネント」の「実行周期」に呼び出されて、実行される(「実行周期」については**第6章**に説明します)。

*

『DAN II世と遊ぼう』アプリでは、⑤の特徴を利用して必要な「関数」を、「RTコンポーネント」として起動しています。

*

表4-9に、「HI-brain」の構成品として公開されている「OpenCV-RTC」が「RTコンポーネント」化している**関数一覧**を示します。

表4-9 公開版「OpenCV-RTC」の「RTコンポーネント化」した関数の一覧

関数名	備考
bilateralFilter	OpenCV関数
blur	OpenCV関数
boxFilter	OpenCV関数
buildPyramid	OpenCV関数
copyMakeBorder	OpenCV関数
dilate	OpenCV関数
erode	OpenCV関数
filter2D	OpenCV関数
GaussianBlur	OpenCV関数
medianBlur	OpenCV関数
morphologyEx	OpenCV関数
Laplacian	OpenCV関数
pyrDown	OpenCV関数
pyrUp	OpenCV関数
sepFilter2D	OpenCV関数
Sobel	OpenCV関数

「RT コンポーネント」による画像処理

Scharr	OpenCV 関数
getRectSubPix	OpenCV 関数
resize	OpenCV 関数
warpAffine	OpenCV 関数
WarpPerspective	OpenCV 関数
adaptiveThreshold	OpenCV 関数
cvtColor	OpenCV 関数
distanceTransformWrapper	OpenCV 関数の distanceTransform(constMat&, Mat&, int, int) を Wrap した OpenCV-RTC 独自関数
distanceTransformWrapperWithLabels	OpenCV 関数の distanceTransform(const Mat&, Mat&, Mat&, int, int, int) を Wrap した OpenCV-RTC 独自関数
Canny	OpenCV 関数
cornerEignValsAndVecs	OpenCV 関数
cornerHarris	OpenCV 関数
cornerMinEigenVal	OpenCV 関数
preCornerDetect	OpenCV 関数
show_image	OpenCV 関数の imshow(const string&, const Mat&) を Wrap した OpenCV-RTC 独自関数
imread	OpenCV 関数
inpaint	OpenCV 関数
calcOpticalFlowPyrLK	OpenCV 関数
calcOpticalFlowFarneback	OpenCV 関数
load_image_seq	「画像イメージファイル」を連続して読み込むことができる OpenCV-RTC 独自関数
save_image_seq	「画像イメージファイル」を連続して書き出すことができる OpenCV-RTC 独自関数
load_matrix_seq	「画像マトリクスファイル」を連続して読み込むことができる OpenCV-RTC 独自関数
save_matrix_seq	「画像マトリクスファイル」を連続して書き出すことができる OpenCV-RTC 独自関数

■ 開発者から見た「OpenCV-RTC」

さて、利用者視点での「OpenCV-RTC」の特徴は分かりましたが、各「関数」

[4.7]「画像処理部」で利用している既存の技術と知見

を「RTコンポーネント」化するには、それぞれの「関数」を「RTコンポーネント」のロジックとして動作させるためのプログラミングが必要です。

簡単に図示すると、**図4-10**のように「RTコンポーネント化」するイメージです。

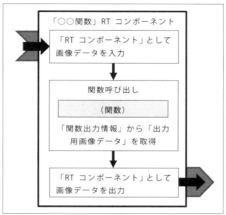

図4-10　「OpenCV-RTC」各「RTコンポーネント」の内部イメージ

図4-10の(関数)以外は、「RTコンポーネント」化するために必要なコードになります。

「OpenCV-RTC」の開発において、**表4-9**に示した「関数」すべてに対して、いちいち「手作業」でこれを作ったのでしょうか。

いいえ、「手作業」ではありません。「OpenCV-RTC」は、「半自動」で「関数」を「RTコンポーネント」化しています。

*

「半自動」ということは、「手作業」もあるということになります。
「OpenCV-RTC」の開発に必要となった「手作業」は、下記の5つです。

① 「OpenCV-RTC」を「Wrap」した独自関数および「OpenCV RTC」独自提供関数の記述(**表4-9**参照)
② 「OpenCV」関数、①の「独自関数」を「RTコンポーネント」化する際のインターフェイス定義の記述(「C言語」の関数宣言記述に似た独自定義ファイル)
③ 「OpenCV-RTC」開発用のツールを使って、②のインターフェイス定義から「関数」を「RTコンポーネント」とするためのコードを自動生成

第4章 「RT コンポーネント」による画像処理

④(「関数」利用にあたり、「定型的な初期化処理」などがある場合のみ)
　③で自動生成したコードに、「定形処理」などを追加記述(追加記述を実施する対象ソースファイルは、「関数」ごとに独立して生成されており、「RTコンポーネント」の作法を模した構造で記述できるようになっています)
⑤ ビルド

＊

①について少し補足します。

表4-9 の備考欄をよく見ると、「OpenCV 関数の〜を Wrap した OpenCV-RTC 独自関数」とか「〜ができる OpenCV-RTC 独自関数」という記載があります。

これは、「OpenCV-RTC」がくるむ「関数」、すなわち図4-10 の(関数)部分が、単に OpenCV が提供している関数そのままではない、ということを示しています。

「OpenCV-RTC」がくるむ関数のバリエーションを、表4-10 に整理します。

表4-10 「OpenCV-RTC」がくるむ「関数」のバリエーション

「OpenCV-RTC」がくるむ関数 バリエーション	説　明
OpenCV 関数	提供機能が「OpenCV 提供関数」そのものであるケース
「OpenCV 関数」を Wrap した OpenCV-RTC 独自関数	提供機能の一部に「OpenCV 関数」を利用するケース
OpenCV-RTC 独自関数	「OpenCV 提供データ型」は利用するが、「提供機能」に「OpenCV 関数」そのものは利用しないケース

＊

③で自動生成されるコードは、同一パソコン内で動作する「RT コンポーネント」間の「画像データ」の送受信においては「メモリ」を介してデータの受け渡しを行なう仕組みとしており、「画像データ」の送受信の通信速度の向上も図っています。

また、④の「定形処理」などの追加において、同じ「OpenCV 関数」でも複数の異なる条件で初期化したものを同時に使いたいケースにも対応しています。

②の「独自定義」において、同じ「OpenCV 関数」に対して異なる名前をつけて擬似的に複数関数に分けることで、中では同じ「OpenCV 関数」

[4.7]「画像処理部」で利用している既存の技術と知見

を呼び出すにもかかわらず異なる「RTコンポーネント」として使うことができるようになるのです。

たとえば、ラジオを聴きたい人が2人いて、1人はAMを、もう1人はFMを聴きたいとします。この場合、元々の「提供関数」は「ラジオ」です。
そして、その同じラジオという関数を、AM試聴用ラジオとFM試聴用ラジオという2つの別々の関数として提供でき、同時にAM試聴用ラジオとFM試聴用ラジオを使えるようになるということです。

図4-11　異なる「関数名」をつけて複数「関数化」のイメージ

「OpenCV-RTC」というのは、開発者にとって必要な機能も備えていることが分かったと思います。
そして、先ほど説明した利用者から見える「OpenCV-RTC」は、このように開発者が作った結果を実行できる環境になっているわけです。

『DAN II世と遊ぼう』アプリに入っている「OpenCV-RTC」は、利用者から見える「OpenCV-RTC」です。

■「OpenCV-RTC」が示す可能性

開発者から見た「OpenCV-RTC」で説明した内容は、単に「OpenCV関数」の「RTコンポーネント」化にとどまりません。

現状の「OpenCV-RTC」は「C++」で開発されており、対象となる「関数」は「C」か「C++」です。
しかし、開発者から見た「OpenCV-RTC」の考え方は、プログラミング言語を限定しない汎用的な考え方です。
すなわち、どのようなプログラミング言語の関数であっても、同様に「RTコンポーネント」化が可能であるということを示しています。

第4章 「RTコンポーネント」による画像処理

　また、「OpenCV-RTC」は「画像イメージ」や「画像マトリクス」を「RTコンポーネント」間で受け渡すように特化しています。これも、開発者から見た「OpenCV-RTC」の③での「コード生成」の部分でそのようにしているからであって、この部分を他のデータ用に整備すれば、どのようなデータであっても同様に受け渡す仕組みにすることは可能です。

　「RTコンポーネント」化したい「関数」があり、その「関数」の「パラメータ」のうち「RTコンポーネント」として入出力するべきものを決めれば、開発者から見た「OpenCV-RTC」の考え方を適用する仕組みを作れる、ということです。

　「RTコンポーネント」化したい「関数」は、みなさんが自分で作る「関数」でもいいですし、世の中にすでに存在している便利な「関数」でもなんでも対象とすることができます。
　これらの「関数」を対象とする、開発者から見た「OpenCV-RTC」と同様の仕組みさえあれば、「RTミドルウェア」のことをよく知らなかったり、「RTコンポーネント」の作り方を知らなかったりしても、「RTコンポーネント」化したい「関数」を簡単に「RTコンポーネント」化して提供することが可能です。

　開発者から見た「OpenCV-RTC」の考え方には、素晴らしい可能性が秘められていると思います。

■「OpenCV-RTC」を利用した「シミュレーション」の実行について

　さて、「OpenCV-RTC」を開発した「電気通信大学大学院」では、「OpenCV-RTC」などを利用しながら「ヒトの視覚現象」や「視覚細胞の働き」を「計算モデル」化して「シミュレーション」しています。
　「シミュレーション」において、重要なことのひとつは、「順序の再現性」とのことです。

　簡単に言えば、「画像データ」が10枚あったら、1枚目のデータを順に流してすべて処理し終わったら2枚目を処理し、これを順に繰り返して10枚をすべて処理する。
　何度シミュレーションを実行しても、この順序再現性が保証されている

[4.7]「画像処理部」で利用している既存の技術と知見

ことが大事だということです。

*

　もし、先頭の画像データを流す処理部が、その先の処理群の進行状況にかかわらず次々と画像データを流し続けてしまうと、処理できずに消失してしまうデータが出てしまうかもしれません。

　そうならないように、順に処理することを「ステップ実行」と言います。

　「ステップ実行」をたとえるならば、トランプゲームの「ババ抜き」の進め方です。

　順に1枚ずつカードが渡っていき、一巡するまでは再び自分がカードを引くことはありません。

図4-12　ステップ実行のイメージ

　「電気通信大学大学院」では、「RTコンポーネント」を使ってステップ実行を行なう仕組みも開発しており、「OpenCV-RTC」にも取り込んでいます。

　しかし、『DAN II 世と遊ぼう』アプリは、「ステップ実行」の仕組みを使っていないため、本書では詳しい説明を省略します。

■『DAN II 世と遊ぼう』アプリにおける「OpenCV-RTC」利用の考え方

　『DAN II 世と遊ぼう』アプリの「画像処理部」は、「カメラ画像」を取り込んで、そのまま表示したり、「音声処理部」を通じた指示によって「顔検出」や「網膜模擬」をして表示したりしていました。

　これを、**表4-9**に示した「関数」の組み合わせでできれば、何の問題もありません。

　しかし、**表4-9**の中には、「カメラ画像」の「取り込み」や「顔検出」、「網膜模擬」をしてくれる関数は存在していません。

第4章 「RTコンポーネント」による画像処理

「画像」を「表示」する「関数」はあります。
「show_image」がそれです。
したがって、「show_image」は基本的にそのまま利用することにして、その他は追加することにしました。

すなわち、『DAN Ⅱ世と遊ぼう』アプリの「画像処理部」は、開発者から見た「OpenCV-RTC」を利用して、足りない関数を追加して「RTコンポーネント」化しています。

■ 独自拡張内容

『DAN Ⅱ世と遊ぼう』アプリの「画像処理部」として、独自に追加した関数を**表4-11**に示します。

表4-11　『DAN Ⅱ世と遊ぼう』アプリの「画像処理部」独自関数

関数名	備考
capture_image	「OpenCV」提供「データ型」の「データ領域」に「カメラ」から「画像」を読み込むことができる、OpenCV-RTC 独自関数
find_face	「OpenCV」の顔検出用オブジェクト検出器 (haarcascade_frontalface_default.xml) を利用して、「画像」から「顔検出」ができる、OpenCV-RTC 独自関数
retina	「OpenCV」の「cv::Retina」クラスの機能を利用して「網膜模擬」ができる、OpenCV-RTC 独自関数

その他、『DAN Ⅱ世と遊ぼう』アプリの「画像処理部」では、ステップ実行の仕組みを使わないように変更しています。

■ 「OpenCV-RTC」そのものを使ってみよう

『DAN Ⅱ世と遊ぼう』アプリを解凍したフォルダ内の以下の「バッチファイル」を起動することで、「OpenCV-RTC」の世界を堪能できます。

```
EasyRTC_RobotSystem¥RTC¥OpenCV-RTC¥OpenCV-RTC_GUI.bat
```

第6章で「ネーム・サーバ」や「RTシステムエディタ」の起動方法や使い方について理解した後、ぜひ試してみてください。

[4.7]「画像処理部」で利用している既存の技術と知見

図4-13 「OpenCV-RTC」起動画面

なお、先ほども紹介した、「数理モデル共有」「モデル間結合」「大規模モデルシミュレーション」のための「統合開発環境」である「HI-brain」で公開している「OpenCV-RTC」は、「ステップ実行」の仕組みを取り込んだものです。

「ステップ実行」の仕組みそのものも公開しています。

より詳しく知りたい方や、「ステップ実行」による「シミュレーション」を体験してみたい方は、本家の「HI-brain」（http://hi-brain.org/）を見てください。

第5章

「RTコンポーネント」による「アクチュエーション」と「シナリオ制御」

本章は、第2章で体験した『DANⅡ世と遊ぼう』アプリの「アクチュエーション処理部」と「シナリオ制御部」についての解説です。

5.1 「アクチュエーション処理部」が行なっていること

『DANⅡ世と遊ぼう』アプリの「アクチュエーション処理部」は、「Android端末」で動作します。

「アクチュエーション処理部」では、端末の「バイブレーション機能」で「端末」を振動させたり、「あなた」と「DANⅡ世」との会話内容を「LINE」のような「吹き出し」で表示したりしました。

図5-1に、「アクチュエーション処理部」の範囲を示します。

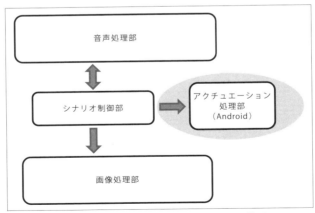

図5-1 「アクチュエーション処理部」の範囲

[5.1]「アクチュエーション処理部」が行なっていること

■「アクチュエーション処理部」の処理の流れ

「アクチュエーション処理部」は、以下の流れで動作しています。

①「会話テキスト」を入力

(a) あなたが「マイク」に向かって話した言葉を「音声処理部」で「音声認識」した結果の「テキスト情報」、および、(b)「音声処理部」により、「DAN Ⅱ世の応答」として生成された「テキスト情報」を入力します。

(a) を「音声認識テキスト」、(b) を「音声発話テキスト」と呼ぶことにします。

②「端末」を振動させる

(a)「音声認識テキスト」の入力があったら、「端末」を振動させます。

③「吹き出し」を表示

(a)「音声認識テキスト」および (b)「音声発話テキスト」を「吹き出し」に表示します。

*

これだけです。「音声処理部」や「画像処理部」に比べれば、単純です。

「画像処理部」や「音声処理部」は、それぞれ「単独」でも、「ロボットの三要素」を満足していましたが、「アクチュエーション処理部」は、その名のとおり、「アクチュエーション」のみです。吹き出し表示も、アクチュエーションの一種です。

「アクチュエーション処理部」の処理の流れを 図5-2 に整理します。

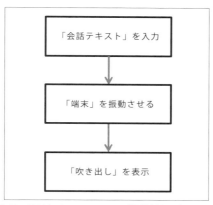

図5-2 「アクチュエーション処理部」の処理の流れ

5.2　「アクチュエーション処理部」の「RTコンポーネント」

図5-3に、『DAN Ⅱ世と遊ぼう』アプリの「RTコンポーネント」の構成と「アクチュエーション処理部」の範囲を示します。

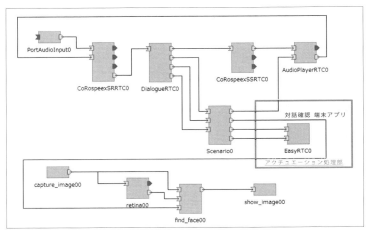

図5-3　『DAN Ⅱ世と遊ぼう』アプリ「RTコンポーネント」の構成と「アクチュエーション処理部」

「アクチュエーション処理部」は以下の1つの「RTコンポーネント」で構成されています。

・「対話確認 端末アプリ」RTコンポーネント

*

次頁に、「RTコンポーネント」の内容について説明します。

5.3　「対話確認 端末アプリ」RTコンポーネント

■ 役割

この「RTコンポーネント」は、すでに説明したとおり「音声認識テキスト」と「音声発話テキスト」を入力して、それぞれ「吹き出し」で表示します。
また、「音声認識テキスト」入力時には、「端末」を振動させます。

[5.3]「対話確認 端末アプリ」RTコンポーネント

■ 入出力

「対話確認 端末アプリ」RTコンポーネントの入力を**表5-1**に示します。

表5-1 「対話確認 端末アプリ」RTコンポーネントの入力

データ名	内容	備考
音声認識テキスト	あなたが話した言葉を「音声処理部」で認識した結果の「テキスト」	―
音声発話テキスト	「DAN Ⅱ世」の応答として「音声処理部」で生成された「テキスト」	―

「対話確認 端末アプリ」RTコンポーネントの出力はありません。

この「RTコンポーネント」は**表5-2**に示す「アクチュエーション」を行ないます。

表5-2 「対話確認 端末アプリ」RTコンポーネントの「アクチュエーション」

アクチュエーション名	内容	備考
振動	「端末バイブレーション機能」による「端末振動」	―
「右吹き出し」表示	「右側」の吹き出し表示	―
「左吹き出し」表示	「左側」の吹き出し表示	―

■ 内部処理

図5-4に、「対話確認 端末アプリ」RTコンポーネントの「内部処理」の流れを示します。

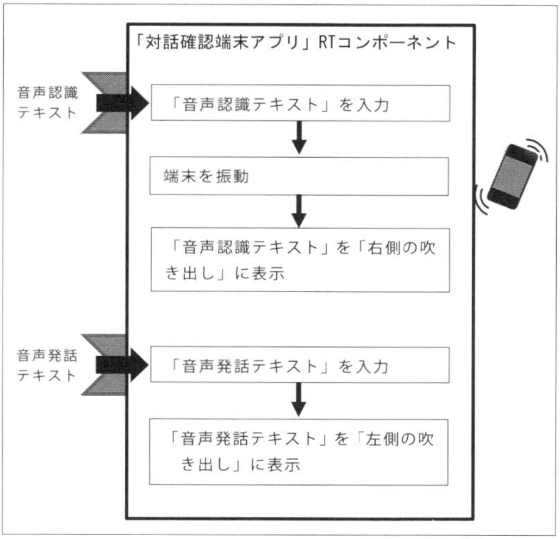

図5-4 「対話確認 端末アプリ」RTコンポーネントの「内部処理」

5.4 RTM on Android

「アクチュエーション処理部」の最大の特徴は、やはり「RTコンポーネント」が「Android 端末」上で動作していることです。

これは、セックが開発した「RTM on Android」で実現されています。

■「RTM on Android」とは？

私たちが「RTM on Android」を開発した理由は、「RTミドルウェア」の普及への貢献です。「Android」は、登場するや、瞬く間に全世界で普及していきました。そして、多くの人が「Android」用アプリを開発するようになりました。

> 「Androidアプリを作る人たちに、RTミドルウェアを利用してもらえる環境を提供したい」
> 「普通にAndroidアプリを開発する感覚で、Android上で動作するRTコンポーネントの開発を容易に実施できるようにしたい」
> 「RTミドルウェア導入やRTコンポーネント活用のための敷居を下げたい」

これが、「RTM on Android」のベースに流れている魂です。

この本も同じです。

「RTミドルウェア」の良さを説くことも重要ですが、みなさんに簡単に「RTミドルウェア」を使ってもらえるようにしていきたいと考えています。

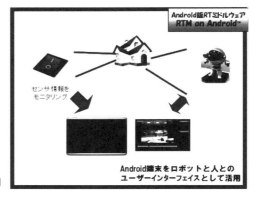

図 5-5 RTM on Android

■「RTM on Android」と「Android アプリ」

「RTM on Android」は、「Androidアプリ」の開発環境です。

すなわち、「Windows」などのパソコン上で「RTコンポーネント」として動作する「Androidアプリ」を「Java」で開発できる仕組みを提供して

[5.4] RTM on Android

います。

＊

つまり、「RTM on Android」は、(a)「Android アプリ」を開発する際に、「RT ミドルウェア」の機能を使えるようにしている「ライブラリ群」と、(b)「Android」上で「RT コンポーネント」として動作するアプリのために必要な、「基本的仕組み」です。

＊

図 5-6 に、「RTM on Android」のアーキテクチャを示します。

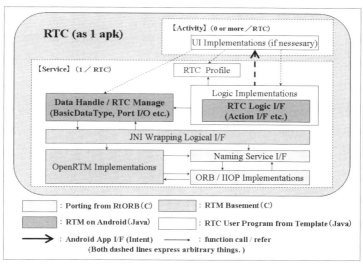

図 5-6 「RTM on Android」のアーキテクチャ

「Android」は「Linux」ベースの OS で、「アプリ開発」は、多くの場合、「Java」で行ないます。

開発された「Android アプリ」は、「Android 端末」にインストールして使えることは、あらためて説明の必要もないでしょう。

「Java」で開発された「Android アプリ」は、「Android OS」上の「Java VM」上で動作します。

この「Java VM」は、長く「Dalvik」というものが使われてきました。

そして、最近の「Android 5.0」などでは、「ART」という新たな「Java VM」を利用するように変わっているようです。

第5章 「RTコンポーネント」による「アクチュエーション」と「シナリオ制御」

*

「RTM on Android」では、「RTミドルウェアの機能」(「OpenRTM」の機能)や、「CORBA通信の機能」は、「ネイティブC」のコードを「Android」上で動作するようにポーティングしています。

■ 「OpenRTM」の機能実現方法

「OpenRTM」の機能は、「産総研」の「OpenRTM-aist」に含まれている「OpenRTM.idl」などを一部利用し、「IDLファイル」から「Cソース」を生成して最低限のロジックを実装しています。

これを、「Android開発環境」のツールキットとして「Google」が提供している「NDK」(Native Development Kit)を利用し、「動的リンクライブラリ」(.so形式)として組み込みました。

■ 「CORBA」の機能の実現方法

「CORBA」の機能は、やはり「産総研」の「原功主任研究員」が開発を進めている、「軽量CORBA」の「RtORB」を採用しました。

「RtORB」の「C実装部分」を抜き出して「NDK」を使ってビルドし、これも「.so形式」の「動的リンクライブラリ」として組み込んでいます。

■ その他

その他、以下を実装して提供しています。

● Javaクラス群

「OpenRTM」や「CORBA」を実装した「ライブラリ」を利用して「Android」上のサービスとして「RTコンポーネント」が動作するための「Javaクラス群」。

● JNIライブラリ

「RTコンポーネント」として開発するアプリが「OpenRTM」や「CORBA」の機能を「Java層」から利用するために、「JNI」(Java Native Interfase)でラッピングした「独自ライブラリ」。

5.5 「シナリオ制御部」が行なっていること

『DAN Ⅱ世と遊ぼう』アプリの「シナリオ制御部」は、「音声処理部」から「音声認識テキスト」「音声発話テキスト」、そして「指示コマンド」を入力します。

また、「音声認識テキスト」および「音声発話テキスト」は、そのまま「対話確認 端末アプリ」RT コンポーネントに出力します。

すなわち、単なる"中継"です。

「指示コマンド」は、コマンドの内容を「解析」して、「音声処理部」または「画像処理部」に「指示」を出力します。

*

図 5-7 に、「シナリオ制御部」の範囲を示します。

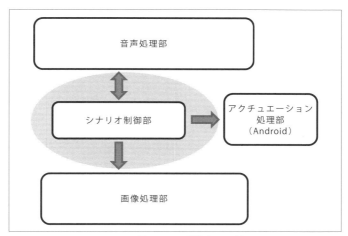

図 5-7 「シナリオ制御部」の範囲

第5章 「RTコンポーネント」による「アクチュエーション」と「シナリオ制御」

■ 「シナリオ制御部」の処理の流れ

「シナリオ制御部」は、以下の流れで動作しています。

①「音声認識テキスト」を中継
「音声認識テキスト」を入力し、そのまま出力します。
②「指示コマンド」を入力して解析し、指示を出力
「指示コマンド」を入力し、内容を解析し、「音声処理部」または「画像処理部」に指示を出力します。
③「音声発話テキスト」を中継
「音声発話テキスト」を入力し、そのまま出力します。

*

「シナリオ制御部」は、文字通り『DAN Ⅱ世と遊ぼう』アプリの「シナリオ」を「制御」する役割です。

『DAN Ⅱ世と遊ぼう』アプリ全体の中での、「コントロール」の位置づけです。

*

「シナリオ制御部」の処理の流れを**図5-8**に整理します。

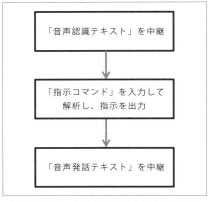

図5-8 「シナリオ制御部」の処理の流れ

5.6 「シナリオ制御部」の「RTコンポーネント」

図 5-9 に、『DAN II 世と遊ぼう』アプリの「RT コンポーネント」の構成と「シナリオ制御部」の範囲を示します。

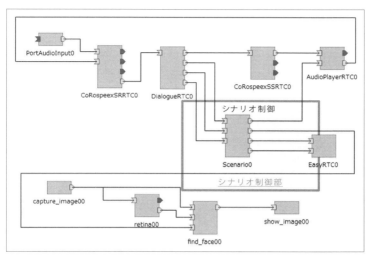

図 5-9 『DAN II 世と遊ぼう』アプリの「RT コンポーネント」の構成と「シナリオ制御部」

「シナリオ制御部」は、以下の 1 つの「RT コンポーネント」で構成されています。

・「シナリオ制御」RT コンポーネント

5.7 「シナリオ制御」RT コンポーネント

■ シナリオ制御 RT コンポーネント

この「RT コンポーネント」は、すでに説明したとおり、「音声認識テキスト」「音声発話テキスト」を中継し、「指示コマンド」を解析して「指示」を出力します。

■ 入出力

「シナリオ制御」RT コンポーネントの入力を**表 5-3** に示します。

第5章 「RTコンポーネント」による「アクチュエーション」と「シナリオ制御」

表5-3 「シナリオ制御」RTコンポーネントの入力

データ名	内容	備考
音声認識テキスト	「あなた」が「話した言葉」を「音声処理部」で認識した結果の「テキスト」	–
音声発話テキスト	「DANⅡ世」の「応答」として「音声処理部」で生成された「テキスト」	–
指示コマンド	「音声処理部」から送信される指示コマンド	–

「シナリオ制御」RTコンポーネントの出力を**表5-4**に示します。

表5-4 「シナリオ制御」RTコンポーネントの出力

データ名	内容	備考
音声認識テキスト	入力した「音声認識テキスト」	–
音声発話テキスト	入力した「音声発話テキスト」	–
音楽再生指示	「ファンファーレ」の「再生指示」	–
画像処理指示	「顔検出」指示または「(網膜 模擬)+(顔検出)指示」	–

■ 内部処理

図5-10に、「シナリオ制御」RTコンポーネントの「内部処理」の流れを示します。

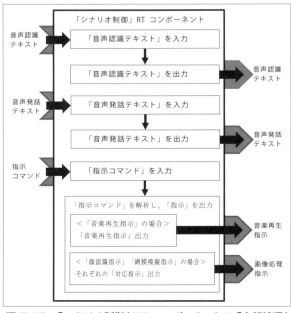

図5-10 「シナリオ制御」RTコンポーネントの「内部処理」

[5.7]「シナリオ制御」RT コンポーネント

　ここまで、**第3章**から**第5章**で『DAN Ⅱ 世と遊ぼう』アプリの「仕組み」や「利用技術」について説明してきました。
　賢い「DAN Ⅱ 世」君がどのように実現されているのか、概ね分かったと思います。

＊

　次章では、このような「RT コンポーネント」システムが動作する仕組みや、「RT コンポーネント」の作り方を解説します。

　「RT コンポーネント」が動作するのは、「RT ミドルウェア」があるからです。**第3章**から**第5章**では、あえて「RT ミドルウェア」の話をしませんでしたが、読者のみなさんには、「RT ミドルウェア」についての正しい知識をもっていただきたいと思います。
　次の**第6章**は、これまでに比べて難しいと感じるかもしれませんが、大切な内容です。ぜひ最後まで読んで、「RT ミドルウェア」をマスターしてください。

コラム　RT ミドルウェア・サマーキャンプ

本文で「RT ミドルウェア」に興味をもった方は、ぜひ、「RT ミドルウェア」の講習会に参加してください。

「RT ミドルウェア」の講習会は、「産総研」が講師の中心となり、大学、学会、展示会など、各所で精力的に行なわれています。

講習会の中でも、特に濃密に、がっちりと学べるのは、「RT ミドルウェア・サマーキャンプ」でしょう。

「RT ミドルウェア・サマーキャンプ」は、毎年8月に5日間連続で茨城県つくば市の産業技術総合研究所内の会議室で行なわれます。

宿泊には、「産総研」の宿泊施設が安価に使え、泊まり込みで、とにかく徹底してやることが、主旨の講習会です。

「産総研」の他、「計測自動制御学会 SI 部門　RT システムインテグレーション部会」「ロボットビジネス推進協議会」の3者の共同開催で行なわれます。

講師陣は、「RT ミドルウェア」と「ロボット」開発に精通した第一線の人たちばかり。

講習会の内容は、講義もありますが、自らが課題を持ち込み、それを解決するという、「実習」中心です。

*

2015 年の講義プログラムを以下に示します。

3日目以降は、講義はなく、終日実習で、受講者は、課題に立ち向かいます。

最終日の5日目には、成果発表会があり、成果発表会に向けて、例年、徹夜も続出するハードさです。

もちろん、ハードなぶんだけ達成感は大きく、受講終了後は、皆ひと回り大きくなって、帰っていきます。

ぜひ参加して、"熱い夏"を過ごしてください。

第6章
「RTコンポーネント」のプログラミング方法

本章では、いよいよ、「RTコンポーネント」のプログラミング方法を学んでいきます。「RTミドルウェア」の機能についての理解を深めつつ、『DAN II 世と遊ぼう』アプリを題材に、「RTコンポーネント」を開発していきましょう。

6.1 「RTコンポーネント」の仕様

第3章から第5章にかけて、『DAN II 世と遊ぼう』アプリを題材に、「音声処理」や「画像処理」、さらに、「Android アプリ」と連携をする「ロボット・システム」を見てきました。

ここからは、「RTミドルウェア」を使って、「ロボット・システム」を開発するための知識を身につけていきましょう。

■「RTコンポーネント」のアーキテクチャ

まずは、『DAN II 世と遊ぼう』アプリの構成を見てみましょう。

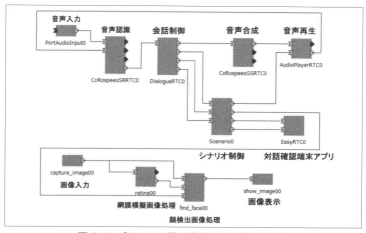

図 6-1 『DAN II 世と遊ぼう』アプリの構成

第6章 「RTコンポーネント」のプログラミング方法

*

　『DAN II世と遊ぼう』アプリは、11個の「RTコンポーネント」が連携して、「会話」や「顔認識」などの「ロボット動作」を実現しています。
　「RTミドルウェア」を使った「ロボット開発」では、「RTコンポーネント」と呼ぶ「ロボット用のソフト」を組み合わせて「ロボット・システム」を構成します。
　「音声入力」RTコンポーネントや「顔検出画像処理」RTコンポーネントなど個々の「RTコンポーネント」は単機能ですが、それらを組み合わせることで、「ロボット」らしい高度な機能を備えるシステムを実現することができます。

*

　それでは「RTコンポーネント」は、どのような機能をもっていて、何ができるのでしょうか。
　「RTコンポーネント」を開発する前に、「RTミドルウェア」と「RTコンポーネント」について理解を深めておきましょう。

*

　「RTミドルウェア」が提供する「フレームワーク」に則って部品化された「ロボット部品」のことを、「RTコンポーネント」と呼ぶと**第1章**で説明しました。
　その「RTコンポーネント」の仕様は、「OMG」で「RTC標準仕様」として規格が規定されており、それに基づいて「RTコンポーネント」のアーキテクチャ(論理的構造)が定義されています。
　「RTコンポーネント」のアーキテクチャを**図6-2**に示します。

*

　この図に示されているのは、「RTコンポーネント」が備えている機能です。
　「RTコンポーネント」として、「ロボット部品」を開発すれば、このアーキテクチャに示されている機能を利用できます。

[6.1]「RTコンポーネント」の仕様

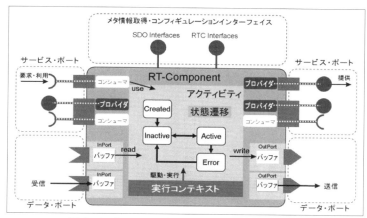

図6-2　「RTコンポーネント」のアーキテクチャ

＊

　以降では、「RTコンポーネント」が備える4つの機能について、順に解説していきます。

---

① ポート
② アクティビティ
③ 実行コンテキスト
④ コンフィギュレーション

　さらに、「RTコンポーネント」の機能ではありませんが、「RTミドルウェア」の「フレームワーク」が備える大事な機能の1つである、「ネーム・サーバ」についても、合わせて解説します。

■ ポート【「RTコンポーネント」間の「データ」と「処理」の流れ】

　「RTコンポーネント」の1つ目の機能は、「ポート」です。

　「ポート」は、「RTコンポーネント」同士をネットワークで接続するための「コネクタ」にあたります。
　「RTコンポーネント」間の「データ」や「処理」のやり取りは、すべて「ポート」を通して行ないます。

第6章 「RTコンポーネント」のプログラミング方法

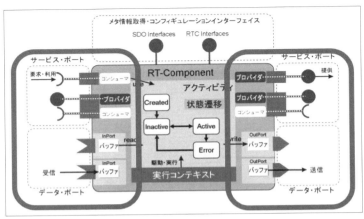

図6-3 「RTコンポーネント」の「ポート」

図6-3の「RTコンポーネント」のアーキテクチャで示されるとおり、「ポート」には、「データ・ポート」と「サービス・ポート」の2種類があります。

● データ・ポート

「RTコンポーネント」間で「データ」の「入出力」を行なう機能をもつ「ポート」を、「データ・ポート」と言います。

「データ・ポート」には、(a) 他の「RTコンポーネント」に「データ」を「出力」する「出力ポート」(OutPort) と、(b) 他の「RTコンポーネント」から「データ」を「入力」する「入力ポート」(InPort) の2つがあります。

「データ・ポート」では、あらかじめ取り扱う「データ」の「型」を定義します。

同じ「データ型」を取り扱う「出力ポート」と「入力ポート」の間で、「データ」の受け渡しができます。

「RTミドルウェア」の「データ・ポート」で使える「基本データ型」を、**表6-1**に示します。

すべて「RTC::TimedXXXX」型となっていますが、これは一般的なプログラミング言語で使える「long型」や「char型」などの「データ型」に、時間情報を付与した「データ型」です。

「センサの計測データ」や「カメラで撮影した画像データ」など、「ロボット・システム」で取り扱うデータは、そのデータがいつ生成されたデータなのか

[6.1]「RTコンポーネント」の仕様

が、意味をもつことがあるため、「RTミドルウェア」で受け渡すデータには、「時間情報」をもたせるのが一般的になっています。

また、「RTミドルウェア」では、これらの「基本データ型」だけでなく、独自に「データ型」を定義し、使うこともできます。

「独自データ型」の使い方は「6-3」「6-4」で説明します。

表6-1 「データ・ポート」で使われる「基本データ型」

データ型	内容
RTC::TimedBoolean	ブール
RTC::TimedChar	符号あり1バイト整数
RTC::TimedOctet	符号なし1バイト整数
RTC::TimedShort	符号あり2バイト整数
RTC::TimedUShort	符号なし2バイト整数
RTC::TimedLong	符号あり4バイト整数
RTC::TimedULong	符号なし4バイト整数
RTC::TimedFloat	単精度浮動小数点
RTC::TimedDouble	倍精度浮動小数点
RTC::TimedString	文字列
RTC::TimedBooleanSeq	ブール配列
RTC::TimedCharSeq	符号あり1バイト整数配列
RTC::TimedOctetSeq	符号なし1バイト整数配列
RTC::TimedShortSeq	符号あり2バイト整数配列
RTC::TimedUShortSeq	符号なし2バイト整数配列
RTC::TimedLongSeq	符号あり4バイト整数配列
RTC::TimedULongSeq	符号なし4バイト整数配列
RTC::TimedFloatSeq	単精度浮動小数点配列
RTC::TimedDoubleSeq	倍精度浮動小数点配列
RTC::TimedStringSeq	文字列配列
RTC::TimedState	RTコンポーネントの状態を表現するデータ型

*

ここで、データ・ポートの例を見てみましょう。

第6章 「RTコンポーネント」のプログラミング方法

第3章で説明した「音声処理部」の「RTコンポーネント」の構成の一部を**図6-4**に示します。

*

「音声入力」RTコンポーネントは、「マイク」から「音声データ」を取得し、「音声認識」RTコンポーネントに出力します。

「音声認識」RTコンポーネントは「音声データ」を「入力」し、その「音声データ」を「認識」して、認識した結果の「テキスト」を出力します。

「会話制御」RTコンポーネントは、「音声認識」RTコンポーネントが出力した「認識結果テキスト」を「問い掛けテキスト」として入力し、対応する「応答のテキスト」を生成して、「応答テキスト」として出力します。

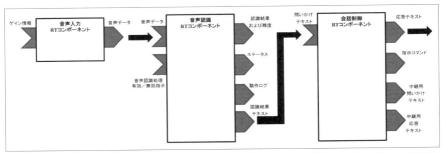

図6-4 「音声処理部」の「RTコンポーネント」の構成(抜粋)と「ポート間」のデータの流れ

「音声入力」RTコンポーネントの「出力ポート」が出力する「音声データ」は、「RTC::TimedOctetSeq型」の「バイナリ・データ」として定義しています。

「音声認識」RTコンポーネントの、「入力ポート」の「音声データ」も、同じ「バイナリ・データ」です。

「音声認識」RTコンポーネントの「出力ポート」の「認識結果テキスト」と、「会話制御」RTコンポーネントの「入力ポート」の「問いかけテキスト」は、「RTC::TimedString型」の「文字列」として定義しています。

● サービス・ポート

2つ目の「ポート」は「サービス・ポート」です。

「サービス・ポート」は、「RTコンポーネント」が備える処理を、他の「RTコンポーネント」から利用するための機能です。

[6.1]「RTコンポーネント」の仕様

　家庭の中の家電を制御できる「家電制御」RTコンポーネントというものがあったとします。
　「家電制御」RTコンポーネントは、照明をつけたり、テレビをつけたりといった処理を、他の「RTコンポーネント」に提供しています。

　他の「RTコンポーネント」は、その処理を、ネットワーク越しに呼び出して利用します。
　IT用語では、このような仕組みを、「リモート・プロシージャ・コール」(RPC)と言います。

　「サービス・ポート」では、「処理を提供する側のポート」を「プロバイダ」と呼び、「処理を利用する側のポート」を「コンシューマ」と呼びます。

　また、「プロバイダ」が提供する処理群（図6-5では、「家電制御サービス」）のことを、「サービス」と呼び、サービスの個々の処理（図6-5では「照明をつける」「テレビをつける」「冷房をつける」）のことを、「インターフェイス」と呼びます。

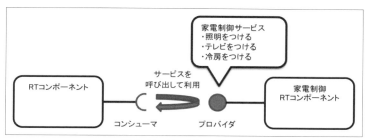

図6-5　サービス・ポート

■ アクティビティ【「RTコンポーネント」の状態遷移】

　次に紹介する「RTコンポーネント」の機能は、「アクティビティ」です。

　「RTコンポーネント」は、「実行」が「開始」されてから、「終了」するまでいくつかの状態を変遷します。これを、「RTコンポーネント」の「アクティビティ」（状態遷移）と呼びます（図6-6）。

第6章 「RTコンポーネント」のプログラミング方法

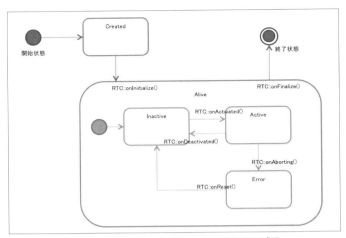

図6-6 「RTコンポーネント」のアクティビティ

　「RTコンポーネント」の「実行」が開始されると、「開始状態」から「生成された状態」(Created)を経て、「生存状態」(Alive)になります。

　「生存状態」にいるときに「実行」が「終了」されると「終了状態」となり、「RTコンポーネント」は「終了」します。
　「生存状態」はさらに内部に「状態」をもっています。
　「RTコンポーネント」は「生存しているが動作していない状態」(Inactive)、「動作している状態」(Active)、「何らかの異常が発生した状態」(Error)の3つの状態です。

　「RTコンポーネント」は、「状態」に応じた「振る舞い」を定義することができ、その「振る舞い」を、「アクション」と呼びます。「アクション」は、それぞれの状態に遷移する際に実行されます(**表6-2**)。

　「RTコンポーネント」の「動作」は、この「アクティビティ」とそれに関連して「実行」される「アクション」により決められています。

[6.1]「RTコンポーネント」の仕様

表6-2 「RTコンポーネント」の「アクション」

アクション	説　明
RTC::onInitialize()	「RTコンポーネント」の「初期化処理」として、「RTコンポーネント」が「Alive状態」になったときに実行される。
RTC::onActivated()	「RTコンポーネント」が「Active状態」になるときに実行される。
RTC::onDeactivated()	「RTコンポーネント」が「Inactive状態」になるときに実行される。
RTC::onAborting()	「RTコンポーネント」が「Error状態」になるときに実行される。
RTC::onReset()	「RTコンポーネント」が「Error状態」のときに「リセット」され、「Inactive状態」になるときに実行される。
RTC::onFinalize()	「RTコンポーネント」が「終了」するときに実行される。

■ 実行コンテキスト【「RTコンポーネント」の実行制御】

3つ目の「RTコンポーネント」の機能は、「実行コンテキスト」です。

「実行コンテキスト」は、先ほど説明した「アクティビティ」と密接な関係をもっており、「RTコンポーネント」の「実行を制御」する役割を担います。

＊

「RTコンポーネント」が起動されると、「RTコンポーネント」の「本体」とは別に、「実行コンテキスト」が一緒に起動されます。

「実行コンテキスト」は内部に「タイマー」をもっており、一定の周期で「RTコンポーネント」の状態を評価し、「RTコンポーネント」の状態を遷移させるとともに、状態に応じた「アクション」を実行します。

先ほどの「アクティビティ」のところでは説明しませんでしたが、「RTコンポーネント」は、**表6-2**に示した「アクション」の他に、**表6-3**に示す2つの主要な「アクション」をもっています。

第6章 「RTコンポーネント」のプログラミング方法

表6-3 「RTコンポーネント」の「アクション」(その2)

アクション	説　明
RTC::onExecute()	「RTコンポーネント」が「Active状態」のときに、一定周期で実行される。
RTC::onError()	「RTコンポーネント」が「Error状態」のときに、一定周期で実行される。

　「RTコンポーネント」が正常に動作している状態(Active状態)では、「RTコンテキスト」の動作周期で「RTC::onExecute()」が実行され続けます。

　この「RTC::onExecute()」は、「RTコンポーネント」の「メインロジック」にあたります。

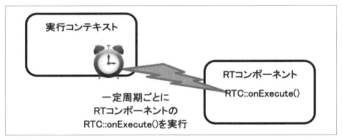

図6-7　「Active状態」における「実行コンテキスト」

＊

　たとえば、『DAN II世と遊ぼう』アプリの、(a)「音声入力」RTコンポーネントでは、「マイク」から「音声データ」を取り込み、「出力ポート」から「音声データ」を送信する処理を、(b)「画像入力」RTコンポーネントでは、「カメラ・デバイス」から「画像データ」を取り込み、「出力ポート」から「画像データ」を送信する処理を、それぞれ「RTC::onExecute()」で実行しています。

　「実行コンテキスト」の動作周期は、「RTコンポーネント」ごとに設定可能で、「音声入力」RTコンポーネントの「実行コンテキスト」は100Hz(1秒間に100回)、「画像入力」RTコンポーネントは50Hz(1秒間に50回)に設定されています。

＊

　もう少し詳しく例を見てみましょう。

　図6-8は、「画像入力」RTコンポーネントの内部処理が、どの「アクション」で行なわれているのかを示したものです。

[6.1] 「RTコンポーネント」の仕様

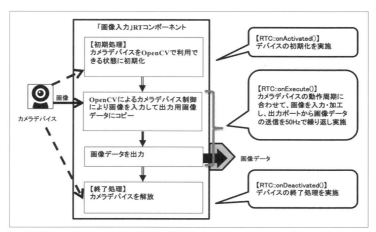

図6-8 「RTコンポーネント」における「実行コンテキスト」と「アクティビティ」の適用例

　「画像入力」RTコンポーネントでは、「RTコンポーネント」が「Active状態」になるときに、「RTC::onActivated()」で「カメラ・デバイス」の「初期化」を、「Inactive状態」になるときに、「RTC::onDeactivated()」で「カメラ・デバイス」の「終了処理」を行なっています。

　「Active状態」のときには、「実行コンテキスト」より50Hzで「RTC::onExecute()」が実行され、「カメラ・デバイス」から「画像データ」を入力し、加工して、「出力ポート」から送信します。

＊

　「RT」の1要素である「センシング」では、「カメラ・デバイス」の「フレーム・レート」(1秒あたりの撮影画像数)や「センサの動作周期」に合わせて、「デバイス」から「一定周期」で「データ」を取得し、その「データ」に応じた「処理」を行ないます。

　「アクチュエーション」では、(a)「ヒューマノイド・ロボット」の「歩行制御」や(b)「台車ロボット」の「車輪の制御」など、数ミリ秒から数十ミリ秒程度の一定間隔でサーボモータの制御を行ないます。
　このように、「ロボット」のソフトでは一定周期で処理を行なうことがよくあるため、「実行コンテキスト」と「アクティビティ」が、「ロボット部品」に適した振る舞いを提供します。

第6章 「RTコンポーネント」のプログラミング方法

■ コンフィギュレーション【「RTコンポーネント」のパラメータ】

次に説明する「RTコンポーネント」の機能は、「コンフィギュレーション」です。

「RTコンポーネント」は、「実行環境に応じて変わる設定」や、「RTコンポーネント」が「動作中に動的に変わる設定」を「パラメータ」として保持することができます。

「実行コンテキスト」の「実行周期」も「パラメータ」の1つです。
「コンフィギュレーション」は、「RTコンポーネント」のパラメータを外部から変更するための機能です。

「パラメータ」は、「RTコンポーネント」が「起動時」に読み込む、「コンフィギュレーション・ファイル」(confファイル)に記述しておいたり、「アプリケーション」や「ツール」で「RTコンポーネント」の「実行中」に動的に変更したりすることができます。

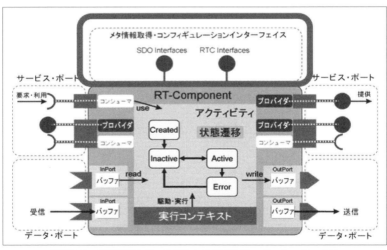

図6-9 「RTコンポーネント」の「コンフィギュレーション」

＊

『DAN Ⅱ世と遊ぼう』アプリの場合、(a)「会話制御」RTコンポーネントでは、「クラウド・サービス」と接続する際の「プロキシの有無」を、(b)「画像

[6.1]「RT コンポーネント」の仕様

入力」RT コンポーネントでは、「カメラから取り込む画像データ」の「レート」や「サイズ」などをパラメータとして保持しています。

こうしたパラメータは、「RT コンポーネント」のプログラムの中に定義しておくこともできます。

しかし、定義を変更するには、プログラムを修正してから「RT コンポーネント」の再ビルドをしなければなりません。

「コンフィギュレーション」の機能を使えば、「RT コンポーネント」の修正や再ビルドをすることなく、パラメータを柔軟に変更できます。

このように、「コンフィギュレーション」の機能を使うことで、「RT コンポーネント」を実行する「環境」や「利用するシーン」に合わせて、容易にカスタマイズ可能な、使い勝手のよい「RT コンポーネント」を開発できます。

■ ネーム・サーバ【「RT コンポーネント」の住所録】

最後に紹介するのは、「RT ミドルウェア」の機能の１つである、「ネーム・サーバ」です。

「RT ミドルウェア」の世界では、「ネットワーク」に接続されてさえいれば、「RT コンポーネント」同士が、連携し協調して動作することができます。これを、「RT ミドルウェア」の「ネットワーク透過性」と呼びます。

*

『DAN II 世と遊ぼう』アプリでは、「パソコン」と「Android」上で動作する複数の「RT コンポーネント」が、「ネットワーク」を介して、連携して動作していました。

「RT ミドルウェア」では、「CORBA」(Common Object Request Broker Architecture)という「分散オブジェクト技術」を利用して、この「ネットワーク透過性」を実現しています。その要が、「ネーム・サーバ」です。

ある「RT コンポーネント」が「ネットワーク」を介して、他の「RT コンポーネント」と連携するときに、その「RT コンポーネント」がどこにいるのかを知る必要があります。

「現実世界」において、誰かに「手紙」を送りたい場合は「住所」を、

第6章 「RTコンポーネント」のプログラミング方法

「メール」を送りたい場合は、「メール・アドレス」を知ることによって連絡をとるのと同じです。

「ネーム・サーバ」は、「RTコンポーネント」同士が連携するために、それぞれの「RTコンポーネント」がどこで動作しているのかを管理する、「住所録」のような役割を担っています。

*

「ネーム・サーバ」は、「RTミドルウェア」を用いた「ロボット・システム」に必ず1つ必要です。

システムが単一のコンピュータで動作しているときには、自身のコンピュータで、「ネットワーク分散」した複数のコンピュータで動作している場合には、ネットワーク上のどれか1つのコンピュータで「ネーム・サーバ」を動作させます。

*

「ネーム・サーバ」は、「RTコンポーネント」によって、次のように利用されます。

---

[1] 「RTコンポーネント」は、自らの起動時に、自分がどこで起動されているかを「ネーム・サーバ」に通知します。

[2] 「ネーム・サーバ」は、「RTコンポーネント名」と「RTコンポーネントが動作しているコンピュータの名前」(ホスト名)の組み合わせを管理します。

[3] 図6-10に示すように、「RTコンポーネント#2」が、「RTコンポーネント#1」に、「データ・ポート」でデータを送信したい場合には、「ネーム・サーバ」から「RTコンポーネント#1」が、どこで起動されているかを問い合わせ、そして、「RTコンポーネント#1」と通信する、という流れを取ります。

[6.2]「RTミドルウェア」開発環境の構築

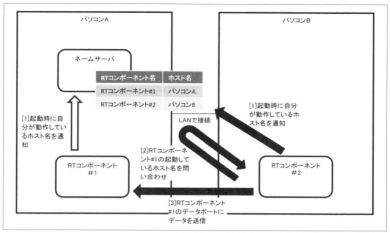

図6-10 「ネーム・サーバ」による「ネットワーク透過性」の実現

6.2 「RTミドルウェア」開発環境の構築

さて、「RTミドルウェア」と「RTコンポーネント」の機能について理解を深めたところで、「RTミドルウェア」を使った「ロボット・システム」を開発するための、環境構築をしましょう。

■ 使用する「RTミドルウェア」について

第1章の「RTミドルウェアの種類」で紹介したとおり、世の中には複数の「RTミドルウェア」の実装が存在しています。

本書では、「産総研」がリリースしている「OpenRTM-aist」を取り扱うことにします。

また、「OpenRTM-aist」にも、「バージョン」や「対応OS」「RTコンポーネントの開発言語」の組み合わせによって、多くのバリーエションがあります。

本書では、以下を対象として記述します。

第6章 「RTコンポーネント」のプログラミング方法

表6-4 使用する「RTミドルウェア」

RTミドルウェア	OpenRTM-aist
バージョン	1.1.1
開発言語	C++言語
対応OS	Windows7 32ビット

 対応OSは、「Windows8」や「Windows8.1」でも大丈夫ですが、環境によって、本書の記述内容と異なるところがあります。ご注意ください。

■「RTミドルウェア」の開発環境

 「RTミドルウェア」を使った「ロボット・システム」を開発するためには、**表6-5**に示すソフトが必要になります。

表6-5 「RTミドルウェア」の開発環境

ソフト	用　途
Visual Studio	「Visual C++」の開発環境
CMake	「Visual C++」のソリューション・ファイル生成ツール
Python / PyYAML	「RTミドルウェア」の各種ツールで利用するスクリプト実行環境
Doxygen	C++のドキュメント生成ツール

＊

 事前準備が少し大変ですが、以降に示す手順に沿って、開発環境の構築をしていきましょう。

■「Visual Studio」のインストール

 「RTミドルウェア」のインストールに先立ち、「Visual Studio」のインストールを行ないます。
 「Visual Studio」は、Microsoftが提供しているソフトの開発環境です。
 「RTコンポーネント」のプログラムを作成、および、ビルドするために使います。
 「OpenRTM-aist-1.1.1」は、「Visual Studio 2008」「2010」「2012」「2013」に対応しています。

 すでに、「OpenRTM-aist-1.1.1」に対応した「Visual Studio」がインストールされていれば、それを使ってください。

[6.2]「RTミドルウェア」開発環境の構築

　インストールされていない場合は、以下のURLから最新版の「Visual Studio Express 2013 for Windows Desktop」(本書執筆時点のバージョンは、「Visual Studio Express 2013 with Update 5 for Windows Desktop」)をダウンロードして、インストールしてください。

```
https://www.visualstudio.com/downloads/download-visual-studio-vs
```

　　　　　　　　　　　＊

　本書では、「Visual Studio Express 2013 for Windows Desktop」を使った手順を解説します。

　「Visual Studio」のバージョンによって、操作方法などが異なります。使っている「Visual Studio」に合わせて、手順は適宜読み替えてください。

図 6-11　「Visual Studio」の「ダウンロード・サイト」

■「OpenRTM-aist」のインストール

　「Visual Studio」のインストールが完了したら、次は「OpenRTM-aist C++ 1.1.1-RELEASE」のインストールを行ないます。

　「OpenRTM-aist」は、以下の「OpenRTM-aistの公式サイト」の以下のURLからダウンロードできます。

```
http://www.openrtm.org/openrtm/ja/node/5711
```

第6章 「RTコンポーネント」のプログラミング方法

図6-12 「OpenRTM-aist」の「ダウンロード・サイト」

　「OpenRTM-aist」は使う「Visual Studio」に応じてインストーラが異なるため、「Visual Studio」に合わせたインストーラをダウンロードし、インストールしてください。
　「OpenRTM-aist」のインストールは、インストーラの指示に従って進めてください。
　「OpenRTM-aist」の開発ツールである「OpenRTP」は**図6-14**、「OpenRTP」の実行に必要な「Javaの実行環境」は**図6-15**のとおりに選択してください。

図6-13 「OpenRTM-aist」のインストール（その1）

図6-14 「OpenRTM-aist」のインストール（その2）

130

[6.3] 「RTコンポーネント」のプログラムに触れる

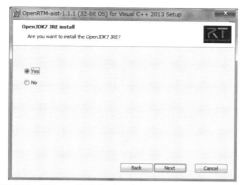

図6-15　「OpenRTM-aist」のインストール(その3)

＊

「OpenRTM-aist」のインストールが終了したら、「OpenRTM-aist」のビルドや実行に必要な、以下のツール類を、**図6-12**に示す「OpenRTM-aist」のダウンロード・サイトからダウンロードし、インストールしてください。

「Python」をインストールした際は、インストールした「ディレクトリ」を環境変数の「Path」に追加しておいてください。

- Cmake
- Python
- PyYAML
- Doxygen

6.3　「RTコンポーネント」のプログラムに触れる

「RTミドルウェア」による開発環境の構築ができたところで、いよいよ「RTコンポーネント」のプログラミングについて学んでいきましょう。

■「RTコンポーネント」のプログラム開発の流れ

「RTコンポーネント」のプログラムの開発の流れを、**図6-16**に示します。

「RTコンポーネント」のプログラムは、「RTC Builder」(RTCビルダー)というツールを使って、「ひな形」を自動生成するところからはじまります。

その後は、「Visual Studio」を使って、「RTコンポーネント」のプログラムをC++言語で作っていきます。

第6章 「RTコンポーネント」のプログラミング方法

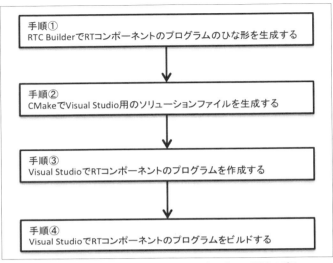

図6-16 「RTコンポーネント」のプログラム開発の流れ

■「RTコンポーネント」のプログラム構成

次に、これまで紹介してきた『DAN II 世と遊ぼう』アプリの「シナリオ制御」RTコンポーネントを例として、「RTコンポーネント」のプログラムの構成を見ていきましょう。

「シナリオ制御」RTコンポーネントのプログラム(**Scenario.zip**)は、工学社のサポートページからダウンロードできます。

```
http://www.kohgakusha.co.jp/support.html
```

「Scenario.zip」ファイルをダウンロードしたら、「2-2」で『DAN II 世と遊ぼう』アプリをインストールしたディレクトリに解凍してください。

ここでは、「C:¥workspace」配下に解凍したものとして、説明を進めます。

「RTコンポーネント」のプログラムは、**図6-17**に示すディレクトリ構成で格納されています。

この「ディレクトリ構成」は、**図6-16**に示した「RTコンポーネント」のプログラム開発の流れの**手順①**において、「RTコンポーネント」のプログラムの「ひな形」を生成するツールである「RTCビルダー」で自動的に作成されたものです。

「RTCビルダー」の使い方については、「6-5」で説明します。

[6.3]「RTコンポーネント」のプログラムに触れる

名前	更新日時	種類	サイズ
cmake	2015/06/24 20:36	ファイル フォル...	
doc	2015/06/24 20:36	ファイル フォル...	
idl	2015/06/24 20:36	ファイル フォル...	
include	2015/06/24 20:36	ファイル フォル...	
src	2015/06/24 20:37	ファイル フォル...	
.project	2015/06/21 18:03	PROJECT ファイル	1 KB
CMakeLists	2015/06/21 20:17	テキスト文書	4 KB
COPYING	2015/06/21 18:03	ファイル	35 KB
COPYING.LESSER	2015/06/21 18:03	LESSER ファイル	8 KB
README.Scenario	2015/06/21 18:03	SCENARIO ファ...	6 KB
rtc.conf	2015/06/21 18:03	CONF ファイル	15 KB
RTC	2015/06/21 18:03	XML ドキュメント	5 KB
Scenario.conf	2015/06/21 18:03	CONF ファイル	5 KB

図6-17 「シナリオ制御」RTコンポーネントのディレクトリ構成

「src」ディレクトリ配下には「RTコンポーネント」のソース・ファイルが格納され、「include」ディレクトリ配下にはヘッダ・ファイルが格納されています。

「idl」ディレクトリ配下には、「シナリオ制御」RTコンポーネントの「データ・ポート」で使う独自データ型「RTC::Timed_cvMat型」の定義を記述した「IDL」(Interface Definition Language)ファイルが格納されています。

「IDLファイル」については、「6-4」で、もう少し説明します。

■「RTコンポーネント」の「ソース・ファイル」

「シナリオ制御」RTコンポーネントのソース・ファイルは、「ScenarioComp.cpp」と「Scenario.cpp」の2つのファイルに分かれています。

「ScenarioComp.cpp」には「シナリオ制御」RTコンポーネントのメイン・プログラムが実装され、「Scenario.cpp」には「シナリオ制御」RTコンポーネントのアクションの実装が、記述されます。

各ソース・ファイルのプログラムの構造は、**図6-18**のようになります。

*

「シナリオ制御」RTコンポーネントに限らず、「RTCビルダー」を使って「RTコンポーネント」を開発する場合は、すべてこのプログラム構造になります。

第6章 「RTコンポーネント」のプログラミング方法

「RTコンポーネント」のソース・ファイルは、その大部分が「RTCビルダー」によって自動生成されます。

したがって、「RTコンポーネント」の開発においては、皆さんは、おおよそアクション部分のロジックの実装だけに注力することができます。

これも「RTミドルウェア」の「フレームワーク」を使う、大きなメリットです。

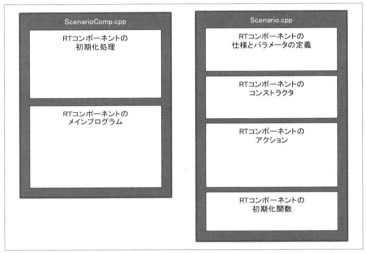

図6-18 「RTコンポーネント」のプログラムの構造

「ScenarioComp.cpp」の内容を**リスト6-1**に、「Scenario.cpp」の内容を**リスト6-2**に示します。

リスト6-1　src¥ScenarioComp.cpp

```cpp
#include <rtm/Manager.h>
#include <iostream>
#include <string>
#include <stdlib.h>
#include "Scenario.h"

void MyModuleInit(RTC::Manager* manager)
{
  ScenarioInit(manager);
  RTC::RtcBase* comp;

  // Create a component
```

[6.3]「RTコンポーネント」のプログラムに触れる

```
  comp = manager->createComponent("Scenario");

  if (comp==NULL)                                        …①
  {
    std::cerr << "Component create failed." << std::endl;
    abort();
  }

  return;
}

int main (int argc, char** argv)
{
  RTC::Manager* manager;
  manager = RTC::Manager::init(argc, argv);

  // Initialize manager
  manager->init(argc, argv);

  // Set module initialization proceduer             …②
  // This procedure will be invoked in activateManager()
  // function.
  manager->setModuleInitProc(MyModuleInit);

  // Activate manager and register to naming service
  manager->activateManager();

  // run the manager in blocking mode
  // runManager(false) is the default.
  manager->runManager();
                                                         …③
  // If you want to run the manager in non-blocking mode,
  // do like this
  // manager->runManager(true);

  return 0;
}
```

プログラム解説

 リスト6-1の①では、「シナリオ制御」RTコンポーネントを生成しています。

第6章 「RTコンポーネント」のプログラミング方法

　「RTC::Manager」クラスは「RTコンポーネント」の「生成」や「管理」を司るクラスで、「RTC::RtcBase」クラスは「RTコンポーネント」の「インスタンス」を表わします。

＊

　リスト6-1の②では、「シナリオ制御」RTコンポーネントの「メイン・プログラム」における「初期化処理」を実施しています。

　「RTミドルウェア」を初期化した後に、「RTコンポーネント」を初期化(①の呼び出し)し、「RTC::Manager」クラスを「活性化」しています。
　この時点で、「シナリオ制御」RTコンポーネントの状態は「Alive状態」かつ、「Inactive状態」になります。

＊

　③の処理では、「RTC::Manager」クラスを実行していますが、ここで呼び出している「runManager()」では、実際には何も行なわれません。
　「runManager()」が呼び出されると、このメソッドからは復帰せずに「待ち状態」となり、バックグラウンドのスレッドで、「シナリオ制御」RTコンポーネントが動作します。

　もし、「runManager()」から復帰させて、他の処理を実行したい場合は、「runManager(true)」として呼び出すことで、すぐに復帰させることができます。

リスト6-2　src¥Scenario.cpp

```
#include <vector>
#include <opencv2/core/core.hpp>
#include "Scenario.h"

// Module specification
// <rtc-template block="module_spec">
static const char* scenario_spec[] =
  {
    "implementation_id", "Scenario",
    "type_name",         "Scenario",
    "description",       "ModuleDescription",
    "version",           "1.0",
    "vendor",            "SEC",
    "category",          "simple_robot",
    "activity_type",     "PERIODIC",
    "kind",              "DataFlowComponent",
```
…①

[6.3]「RTコンポーネント」のプログラムに触れる

```
      "max_instance",        "1",
      "language",            "C++",
      "lang_type",           "compile",
      // Configuration variables
      "conf.default.sound_path", "../../../Sound",
      // Widget
      "conf.__widget__.sound_path", "text",
      // Constraints
      ""
    };
// </rtc-template>

Scenario::Scenario(RTC::Manager* manager)
    // <rtc-template block="initializer">
  : RTC::DataFlowComponentBase(manager),
    m_commandIn("command", m_command),
    m_you_saidIn("you_said", m_you_said),
    m_robot_saidIn("robot_said", m_robot_said),
    m_play_wavOut("play_wav", m_play_wav),
    m_to_cvOut("to_cv", m_to_cv),                              …②
    m_you_said_outOut("you_saidOut", m_you_said_out),
    m_robot_said_outOut("robot_saidOut", m_robot_said_out)
    // </rtc-template>
{
}

RTC::ReturnCode_t Scenario::onInitialize()
{
  // Registration: InPort/OutPort/Service
  // <rtc-template block="registration">
  // Set InPort buffers
  addInPort("command", m_commandIn);
  addInPort("you_said", m_you_saidIn);
  addInPort("robot_said", m_robot_saidIn);                     …③

  // Set OutPort buffer
  addOutPort("play_wav", m_play_wavOut);
  addOutPort("to_cv", m_to_cvOut);
  addOutPort("you_saidOut", m_you_said_outOut);
  addOutPort("robot_saidOut", m_robot_said_outOut);

  // Set service provider to Ports
  // Set service consumers to Ports
```

第6章 「RTコンポーネント」のプログラミング方法

```cpp
  // Set CORBA Service Ports
  // </rtc-template>

  // <rtc-template block="bind_config">
  // Bind variables and configuration variable
  bindParameter("sound_path", m_sound_path, "../../../Sound");   …④
  // </rtc-template>

  return RTC::RTC_OK;
}

RTC::ReturnCode_t Scenario::onActivated(RTC::UniqueId ec_id)
{
  return RTC::RTC_OK;
}
                                                                 …⑤
RTC::ReturnCode_t Scenario::onDeactivated(RTC::UniqueId ec_id)
{
  return RTC::RTC_OK;
}

RTC::ReturnCode_t Scenario::onExecute(RTC::UniqueId ec_id)
{
  // 対話文字列中継
  if (m_you_saidIn.isNew()) {
    m_you_saidIn.read();
    m_you_said_out.data = m_you_said.data;
    m_you_said_outOut.write();
  }
  if (m_robot_saidIn.isNew()) {
    m_robot_saidIn.read();
    m_robot_said_out.data = m_robot_said.data;                   …⑥
    m_robot_said_outOut.write();
  }

  // コマンド解釈／実行
  if (m_commandIn.isNew()) {
    m_commandIn.read();

    std::string cmd = m_command.data;
    if (cmd.find("play ") == 0) {
      std::string wav = m_sound_path;
      wav += "/";
```

[6.3]「RTコンポーネント」のプログラムに触れる

```cpp
      wav += cmd.substr(5);
      m_play_wav.data = wav.data();
      m_play_wavOut.write();

    }
    else if (cmd == "find face") {
      create_cvMat(1, m_to_cv);
      m_to_cvOut.write();

    }
    else if (cmd == "retina") {
      create_cvMat(2, m_to_cv);
      m_to_cvOut.write();
    }
  }

  return RTC::RTC_OK;
}

extern "C"
{

  void ScenarioInit(RTC::Manager* manager)
  {
    coil::Properties profile(scenario_spec);
    manager->registerFactory(profile,                    …⑦
                             RTC::Create<Scenario>,
                             RTC::Delete<Scenario>);
  }
};
```

プログラム解説

リスト6-2の①は、「シナリオ制御」RTコンポーネントの「仕様」と「コンフィギュレーション」の定義をしています。

②は「シナリオ制御」RTコンポーネントのコンストラクタです。
コンストラクタのパラメータには、「シナリオ制御」RTコンポーネントの「入力ポート」と「出力ポート」の初期値が渡されます。

③と④は、「RTコンポーネント」の「初期化」時に呼び出させるアクション

第6章　「RTコンポーネント」のプログラミング方法

「onInitialize()」の実装です。

③では、「入力ポート」「出力ポート」が登録されており、これによって「シナリオ制御」RTコンポーネントの、3つの「入力ポート」と、3つの「出力ポート」が、使える状態になります。

④はコンフィギュレーションの登録です。
「シナリオ制御」RTコンポーネントでは、コンフィギュレーションとして、「音楽ファイル」の格納ディレクトリ「sound_path」が定義されています。

⑤は、アクション「onActivated()」と「onDeactivated()」の定義です。
「シナリオ制御」RTコンポーネントでは、この2つのアクションでは何も実行しないため、処理は実装していません。

⑥は、「シナリオ制御」RTコンポーネントが「Active状態」のときに、実行コンテキストから一定周期で呼び出されるアクション「onExecute()」の実装です。
この部分が、「シナリオ制御」RTコンポーネントのメインのロジックにあたります。
ここでは、「入力ポート」を「isNew()」メソッドでチェックし、データが入力されていればデータを読み込み(read())、「出力ポート」へのデータの書き出し(write())、コマンドに対応した処理をしています。

⑦は、「シナリオ制御」RTコンポーネントの「初期化処理」の「定義部分」で、「RTCビルダー」によって自動生成されたものです。

■「RTコンポーネント」のビルド

「RTコンポーネント」のプログラムを大まかに眺めてみましたが、いかがでしょうか。

まずは、プログラムの構造が把握できれば大丈夫です。
＊
次に、「RTコンポーネント」の「ビルド方法」を説明していきます。
図6-16の手順②で示したとおり、「CMake」というツールを用いて、

[6.3]「RTコンポーネント」のプログラムに触れる

「Visual Studio」用の「ソリューション・ファイル」を生成します。

[1]　Windowsのスタートメニューから [CMake 3.2.1] を選択し、[CMake (cmake-gui)] を実行します。

[2]　図6-19のCmakeの画面が表示されるので、(a)「シナリオ制御RTコンポーネントのソース・ファイルの格納先」と、(b)「ビルド後のファイルの格納先」を指定 (C:¥workspace¥Scenario) し、[Configure] ボタンを押下します。

図6-19　「CMake」による「ソリューション・ファイル」の作成 (その1)

[3]　図6-20のダイアログでは、インストールされている「Visual Studio」のバージョンを選択し、[Finish] ボタンを押下します。

図6-20　「CMake」による「ソリューション・ファイル」の作成 (その2)

第6章 「RTコンポーネント」のプログラミング方法

[4] [Configure]、[Generate]ボタンを押下すると、図6-21、図6-22のように表示され、「Visual Studio」のソリューション・ファイルが生成されます（図6-23）。

**図6-21 「CMake」による
「ソリューション・ファイル」の作成（その3）**

**図6-22 「CMake」による
「ソリューション・ファイル」の作成（その4）**

図6-23 「CMake」後の「シナリオ制御」RTコンポーネントのディレクトリ構成

[6.3]「RTコンポーネント」のプログラムに触れる

＊

次に、「RTコンポーネント」のビルド、図6-16の手順③、④に進みます。

「シナリオ制御」RTコンポーネントの格納ディレクトリから、「Scenario.sln」ファイルを実行すると、「Visual Studio」が起動します(図6-24)。

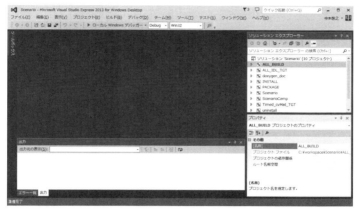

図6-24 「Visual Studio」でのビルド(その1)

[1] メニューから、[ビルド]→[ソリューションのビルド]を実行すると、「シナリオ制御」RTコンポーネントのビルドが行なわれます。

[2] ビルドが正常に行なわれると、[出力]領域に図6-25のように表示されます。

図6-25 「Visual Studio」でのビルド(その2)

143

第6章 「RTコンポーネント」のプログラミング方法

[3] ビルドが正常に終了すると、以下の場所に「シナリオ制御」RTコンポーネントの「実行ファイル」が作られます。

・Debug ビルド

C:¥workspace¥Scenario¥src¥Debug¥ScenarioComp.exe

・Release ビルド

C:¥workspace¥Scenario¥src¥Release¥ScenarioComp.exe

---

*

本節では、「シナリオ制御」RTコンポーネントを例題に、「RTコンポーネント」のプログラム構造の把握から、プログラムのビルド方法まで学んできました。

これで「RTコンポーネント」の基礎知識の習得は終了です。
次の節からは、「RTコンポーネント」のプログラミングの実践に入りましょう。

6.4 「RTコンポーネント」のプログラムを拡張してみる

「RTコンポーネント」のプログラムの構造を把握したところで、次は、「RTコンポーネント」のプログラムを、より詳しく理解していきましょう。

「シナリオ制御」RTコンポーネントを拡張しながら、「RTミドルウェア」の利点や「RTコンポーネント」の新しい機能についても見ていきます。

■『DAN Ⅱ世と遊ぼう』アプリの拡張

「RTミドルウェア」を使う利点の一つは、システムの拡張が容易なことです。

「6-4」「6-5」で、『DAN Ⅱ世と遊ぼう』アプリを拡張しながら、実際にその利点を体験してみましょう。

*

『DAN Ⅱ世と遊ぼう』アプリを拡張していく範囲を**図6-26**に示します。

『DAN Ⅱ世と遊ぼう』アプリに「音楽をかけて」と話し掛けると「ファンファーレ」の音楽を演奏してくれます。

『DAN Ⅱ世と遊ぼう』アプリは、音楽を再生する機能をもっています。

[6.4]「RTコンポーネント」のプログラムを拡張してみる

　今は「ファンファーレ」しか演奏できないのですが、この機能を拡張して、音楽を演奏するための「ジュークボックス」機能を追加してみましょう。

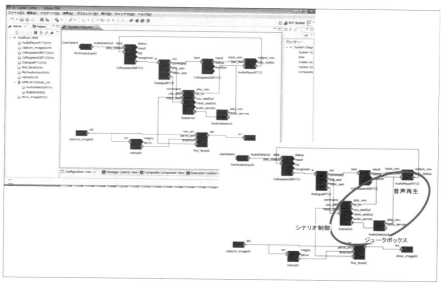

図6-26　『DAN II 世と遊ぼう』アプリの拡張範囲

　そのために、「シナリオ制御」RTコンポーネントに機能を追加し、新たに「ジュークボックス」RTコンポーネントを作ります。
　「ジュークボックス」RTコンポーネントの新規開発の手順は、「**6-5**」で説明します。

　まず、「シナリオ制御」RTコンポーネントを拡張していきましょう。

■「シナリオ制御」RTコンポーネントへの「サービス・ポート」の追加

　それでは、「シナリオ制御」RTコンポーネントに新たな機能を追加してみましょう。

　具体的には、「シナリオ制御コンポーネント」に「プロバイダ」を追加して、「演奏する音楽ファイルの一覧」を取得する機能を追加します。
　機能追加後の「シナリオ制御」RTコンポーネントのプログラム (**Scenario2.zip**) は、工学社のサポートページからダウンロードできます。参考にしてください。

＊

「RTコンポーネント」のプログラミング方法

　まずは、「サービス・ポート」を定義します。

　サービスとしてプロバイダで提供する機能を、「IDLファイル」(Interface Definition Langurage) というもので定義します。

　「IDLファイル」の記法は、C++言語のヘッダ・ファイルに似ていますが、少し特殊なものになっています。

　「RTミドルウェア」は「CORBA」という「分散オブジェクト技術」を利用している、と説明しましたが、この「IDLファイル」は、「CORBA」の仕様として規定されています。

　今回追加する「サービス・ポート」の「IDLファイル」を**リスト6-3**に示します。

*

　リスト6-3の①は、**表6-1**で以前説明した「RTミドルウェア」の「基本データ型定義」の「読み込み」です。

　「IDLファイル」でもC++言語と同じように、他の「IDLファイル」を「#include文」で読み込むことができます。

　②が今回「サービス・ポート」として追加するサービスの定義になります。

　「module句」で「サービス」を指定し、「interface句」で「インターフェイス」を指定します。

　今回は「AudioService」が「サービス名」で、「AudioInterface」が「インターフェイス名」となります。

　その中に提供する機能を宣言します。「音楽ファイル」の一覧を取得する機能を追加しますので、「getAudioList()」というものを定義しました。

　C++言語のメソッドの宣言と同じで、引数や戻り値を持たせることができます。

　ここでは、「RTC::TimedStringSeq型」で、「音楽ファイルの文字列の配列」を返します。

リスト6-3　idl¥AudioService.idl

```
#include "BasicDataType.idl"                          ……①
module AudioService {
  interface AudioInterface {
    RTC::TimedStringSeq getAudioList();               ……②
  };
};
```

[6.4]「RTコンポーネント」のプログラムを拡張してみる

　「IDLファイル」は、このままではプログラムの中で利用できません。
　「IDLコンパイラ」というツールを用いて、「IDLファイル」を「コンパイル」することで、(a)「スタブ」と(b)「スケルトン」という名の、「ソース・ファイル」と「ヘッダ・ファイル」がそれぞれ自動生成され、C++言語の中からは、それらを使ってプログラミングします。

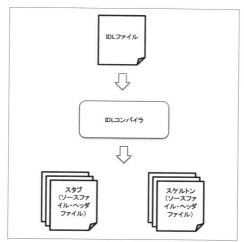

図6-27　「IDLファイル」からの「ソース・ファイル」の自動生成

　「スタブ」は、「コンシューマ側」で利用するもので、「サービス・ポート」を呼び出すための「ソース・ファイル」が「IDLファイル」から自動で生成されます。

　「スケルトン」は「プロバイダ側」で利用するもので、「サービス・ポート」をプログラミングするための「ひな形」が「IDLコンパイラ」によって自動生成されます。

■「シナリオ制御」RTコンポーネントのプログラムの変更

　「シナリオ制御」RTコンポーネントに追加する「サービス・ポート」の定義が出来たので、実際に、「シナリオ制御」RTコンポーネントに「プロバイダ」のプログラムを追加していきます。

第6章 「RTコンポーネント」のプログラミング方法

リスト6-4　src¥Scenario.cpp（抜粋）

```
(省略)
Scenario::Scenario(RTC::Manager* manager)
    // <rtc-template block="initializer">
  : RTC::DataFlowComponentBase(manager),
    m_commandIn("command", m_command),
    m_you_saidIn("you_said", m_you_said),
    m_robot_saidIn("robot_said", m_robot_said),
    m_play_wavOut("play_wav", m_play_wav),
    m_to_cvOut("to_cv", m_to_cv),
    m_you_said_outOut("you_saidOut", m_you_said_out),
    m_robot_said_outOut("robot_saidOut", m_robot_said_out),
    m_audio_servicePort("audio_service")                     …①

    // </rtc-template>
{
}
(省略)

  // Set service provider to Ports
  m_audio_servicePort.registerProvider("audio_interface",    …②
"AudioService::AudioInterface", m_audioservice);

  // Set service consumers to Ports

  // Set CORBA Service Ports
  addPort(m_audio_servicePort);                              …③

  // </rtc-template>

  // <rtc-template block="bind_config">
  // Bind variables and configuration variable
  bindParameter("sound_path", m_sound_path, "../../../Sound");
  // </rtc-template>

  m_audioservice.setSoundPath(m_sound_path);                 …④
  return RTC::RTC_OK;
(省略)
```

プログラム解説

リスト6-4に「Scenario.cpp」の変更箇所を示します。

[6.4]「RTコンポーネント」のプログラムを拡張してみる

「Scenario.cpp」では、「データ・ポート」の定義と同じように、①②③において、「サービス・ポート」の定義を追加します。

④では、「Scenarioクラス」で保持している「コンフィギュレーション」である「音楽ファイル」の「格納ディレクトリ」の「パス」(m_sound_path) を、「サービス・ポート」の「インスタンス」(m_audioservice) に設定しています。

リスト6-5に「サービス・ポート」のプロバイダのメインロジックとなる「AudioServiceSVC_impl.cpp」を示します。

「サービス・ポート」のプロバイダのプログラミングでは、サービスごとに「サービス名SVC_impl.cpp」というソース・ファイルを作ることが慣例になっています。

リスト6-5　src¥AudioServiceSVC_impl.cpp

```
#include "AudioServiceSVC_impl.h"                            …①

AudioInterfaceSVC_impl::AudioInterfaceSVC_impl()
{
  // Please add extra constructor code here.
}

AudioInterfaceSVC_impl::~AudioInterfaceSVC_impl()
{
  // Please add extra destructor code here.
}

RTC::TimedStringSeq* AudioInterfaceSVC_impl::getAudioList()
{
  WIN32_FIND_DATAA fd;
  std::string filepath = m_sound_path.c_str();
  filepath.append("\\*.*");
  HANDLE hFind = FindFirstFileA(filepath.c_str(), &fd);

  std::vector<std::string> fileList;
  if (hFind != INVALID_HANDLE_VALUE)
  {
    do
    {
      // ディレクトリは除く                                   …②
      if (fd.dwFileAttributes & FILE_ATTRIBUTE_DIRECTORY)
        continue;
```

第6章 「RTコンポーネント」のプログラミング方法

```cpp
    // 隠しファイルは除く
    if (fd.dwFileAttributes & FILE_ATTRIBUTE_HIDDEN)
      continue;
    fileList.push_back(fd.cFileName);
  } while (FindNextFileA(hFind, &fd));
  FindClose(hFind);
}
else
{
  std::cout << "Invalid file handle" << std::endl;
}

int size = fileList.size();
RTC::TimedStringSeq* ret = new RTC::TimedStringSeq();
coil::TimeValue tm(coil::gettimeofday());
ret->tm.sec = tm.sec();
ret->tm.nsec = tm.usec() * 1000;
ret->data.length(size);
std::string tmpFilename;
for (int i = 0; i < size; i++)
{
  tmpFilename = m_sound_path;
  tmpFilename.append("\\");
  tmpFilename.append(fileList[i]);
  ret->data[i] = tmpFilename.c_str();
}
  return ret;
}
void AudioInterfaceSVC_impl::setSoundPath
(std::string soundPath)
{
  m_sound_path = soundPath.c_str();
}
```

…③

…④

プログラム解説

リスト6-5の①は、「ヘッダ・ファイル」の「読み込み」の定義です。

②は「音楽ファイル」の「格納ディレクトリ」から「音楽ファイルの一覧」を取得している処理です。

[6.4]「RTコンポーネント」のプログラムを拡張してみる

③は、取得した「音楽ファイルの一覧」を返却するために「RTC::TimedStringSeq型」に格納している処理です。

④は、「音楽ファイルの格納先のディレクトリ」を設定するための、「メソッド」です。

「サービス・ポート」の「プロバイダ」のプログラミングと言っても、通常の「メソッド」をプログラミングするのと、とくに変わらないことが分かると思います。

＊

「ソース・ファイルの変更」に加えて、「include¥Scenario」配下の「ヘッダ・ファイル」も変更が必要なので、簡単に見ておきます。

リスト6-6に「Scenario.h」を示します。

リスト6-6　include¥Scenario¥Scenario.h

```
(省略)
// Service implementation headers
// <rtc-template block="service_impl_h">
#include "AudioServiceSVC_impl.h"                      …①

// </rtc-template>
(省略)
  // CORBA Port declaration
  // <rtc-template block="corbaport_declare">
  RTC::CorbaPort m_audio_servicePort;                  …②
  // </rtc-template>

  // Service declaration
  // <rtc-template block="service_declare">
  AudioInterfaceSVC_impl m_audioservice;               …③
  // </rtc-template>
(省略)
```

プログラム解説

「Scenario.cpp」に対応して、①②③に「サービス・ポート」を追加するための定義を記述しています。

第6章 「RTコンポーネント」のプログラミング方法

＊

最後に、**リスト6-7**に「AudioServiceSVC_impl.h」を示します。

リスト6-7 include¥Scenario¥AudioServiceSVC_impl.h

```cpp
#include <iostream>
#include <sstream>
#include <vector>
#include <string>
#include <Windows.h>

#include <coil/Time.h>
#include <coil/OS.h>
#include "BasicDataTypeSkel.h"
#include "AudioServiceSkel.h"

#ifndef AUDIOSERVICESVC_IMPL_H
#define AUDIOSERVICESVC_IMPL_H

class AudioInterfaceSVC_impl
 : public virtual POA_AudioService::AudioInterface,         …①
   public virtual PortableServer::RefCountServantBase
{
 private:
   // Make sure all instances are built on the heap by making the
   // destructor non-public
   // virtual ~AudioInterfaceSVC_impl();

 protected:
   std::string m_sound_path;

 public:
  /*!
   * @brief standard constructor
   */
   AudioInterfaceSVC_impl();
  /*!
   * @brief destructor
   */
   virtual ~AudioInterfaceSVC_impl();

   // attributes and operations
   RTC::TimedStringSeq* getAudioList();

   void setSoundPath(std::string soundPath);
```

```
          };
          #endif // AUDIOSERVICESVC_IMPL_H
```

プログラム解説

ここでのポイントは、①の「クラスの宣言部分」です。
「AudioServiceSVC_impl」が継承している「POA_AudioService::Audio Interface」が「IDLファイル」から自動生成される「スケルトン・クラス」になります。

「PortableServer::RefCountServantBase」は「RTミドルウェア」で定義されている「クラス」で、「RTコンポーネント」として「ネットワーク」上で「サービス」を提供するために必要な「基底クラス」なので、このとおり「継承」しておきましょう。

*

これで、「シナリオ制御」RTコンポーネントの変更は終了です。

ここまで出来たら、「6-3」で説明した手順で、「CMake」で「ソリューション・ファイル」を生成し、「Visual Studio」で「シナリオ制御」RTコンポーネントを「ビルド」しておいてください。

6.5　「RTコンポーネント」を新規に作る

「6-3」「6-4」と「RTコンポーネント」のプログラムを見てきました。
「RTコンポーネント」のプログラムがどのようなものか、理解が深まってきたのではないでしょうか。
それでは、こんどは「RTコンポーネント」のプログラムを新規に作ってみましょう。

■「ジュークボックス」RTコンポーネントの仕様

これから作る「ジュークボックス」RTコンポーネントは、「6-4」で機能追加した「シナリオ制御」RTコンポーネントの「プロバイダ」の「コンシューマ」側にあたる「RTコンポーネント」です。

*

「ジュークボックス」RTコンポーネントは、「シナリオ制御」RTコンポー

第6章 「RTコンポーネント」のプログラミング方法

ネントから演奏可能な「音楽ファイルの一覧」を取得し、それを画面上に表示します。

ユーザーが、「音楽ファイルの一覧」から「音楽ファイル」を選択すると、「ジュークボックス」RTコンポーネントは、その「ファイル名」を「音声再生」RTコンポーネントに「データ・ポート」経由で伝え、音楽を演奏するという機能を実現します。

*

「ジュークボックス」RTコンポーネントの入力を**表6-6**に示します。

表6-6 「ジュークボックス」RTコンポーネントの入力

データ名	内　容	備　考
音楽ファイル一覧	「シナリオ制御」RTコンポーネントの「プロバイダ」から取得する「音楽ファイル名」の一覧	なし

「ジュークボックス」RTコンポーネントの出力を**表6-7**に示します。

表6-7 「ジュークボックス」RTコンポーネントの出力

データ名	内　容	備　考
音楽ファイル	演奏する「音楽ファイル」（WAVファイル）のファイル名	なし

「ジュークボックス」RTコンポーネントの「内部処理」の流れを**図6-28**に示します。

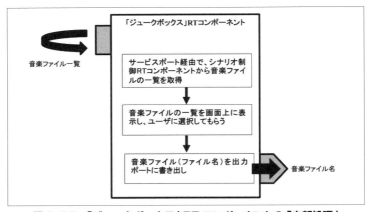

図6-28 「ジュークボックス」RTコンポーネントの「内部処理」

[6.5]「RTコンポーネント」を新規に作る

■「RTCビルダー」による「ジュークボックス」RTコンポーネントの作成

すでに説明したとおり、「RTコンポーネント」の「ひな形」を作るためには、「RTCビルダー」というツールを使います。

ここからは、その「RTCビルダー」を使って、「ジュークボックス」RTコンポーネントの作成をしていきましょう。

*

「RTCビルダー」を使った「RTコンポーネント」の作成の流れは、次のとおりです。

*

以降では、この流れに沿って、「RTCビルダー」の使い方を説明していきます。

① 「RTCビルダー」の起動
② 「基本情報」の設定
③ 「アクティビティ」の設定
④ 「データ・ポート」の設定
⑤ 「サービス・ポート」の設定
⑥ 「コンフィグレーション」の設定
⑦ 「ドキュメント」の設定
⑧ 「ソース・ファイルの言語」の設定
⑨ 「RTコンポーネント」のコード生成

①「RTCビルダー」の起動

まずは、「RTCビルダー」を起動しましょう。

「スタート・メニュー」から、[OpenRTM-1.1] → [Tools] → [OpenRTP 1.1.0]を実行してください。

「OpenRTP」(Open RT Platfrom)とは、「RTCビルダー」と後ほど紹介する「RTシステムエディタ」を含む「RTミドルウェア」の関連ツールの総称です。

「OpenRTP」は、「Eclipse」という「オープン・ソース」の「統合開発環境」上に構築されています。

第6章 「RTコンポーネント」のプログラミング方法

[1] 「OpenRTP」を起動すると、まず「Eclipse」が起動します。

[2] 起動時に、「ワークスペース」(作業用ディレクトリ)をどこにするか聞かれるので、『DAN II 世と遊ぼう』アプリをインストールしたディレクトリ(本書では、C:¥workspace)を設定してください。

[3] 「RTCビルダー」は、「Eclipse」の「プラグイン」として開発されています。
　「RTCビルダー」を起動するには、「Eclipse」が起動した後に、メニューの[ウィンドウ]→[パースペクティブを開く]→[その他]から「RTC Builder」を選択します。

[4] 図6-29の「RTCビルダー」の起動画面が表示されたら、「Open New RtcBuilder Editor」アイコンを押下してください。

図6-29 「RTCビルダー」の起動画面

[5] 図6-30のダイアログが表示されるので、プロジェクト名に「Audio Selector」と入力します。

図6-30 「RTコンポーネント」の「プロジェクト名」の入力

[6.5]「RTコンポーネント」を新規に作る

②「基本情報」の設定

「RTCビルダー」では、「GUI形式」で「RTコンポーネント」に必要な情報を設定していきます。

図6-31、図6-32は、「RTコンポーネント」の「基本情報」の「設定画面」です。

[1] 「モジュール名」「バージョン」「ベンダ名」などの赤字で示されているところは入力が必須のフィールドです。

図6-31の内容と画面上のヒントを参考に設定してください。

図6-31 「RTコンポーネント」の「基本情報」の設定

「コンポーネント型」「アクティビティ型」「コンポーネントの種類」の設定は、それぞれ「STATIC」「PERIODIC」「DataFlow」としてください。

これは、これまでに説明してきた、「実行コンテキスト」により周期的に「RTコンポーネント」のアクションが実行され、「データ・ポート」と「サービス・ポート」を使う「RTコンポーネント」の設定です。

*

「OpenRTM-aist-1.1.1」では、これ以外の設定にはまだ対応していません。

[2] 次に、「実行周期」に関して、今回の「ジュークボックス」RTコンポーネントは高速に動作する必要はないため、1秒間に1回動作する設定とします。

第6章 「RTコンポーネント」のプログラミング方法

[3] 図6-32にある「コード生成」ボタンを押下すると、「RTコンポーネント」の「ひな形」プログラムが出力されます。

以降に示す設定をすべて行なった後に、このボタンを押下することにしましょう。

図6-32 「RTコンポーネント」の「基本情報」の設定(その2)

---

③「アクティビティ」の設定

図6-33、図6-34では、「ジュークボックス」RTコンポーネントで使う「アクティビティ」を設定します。

利用する「アクション」をマウスで選択し、画面下部の「ON」を選択すると、その「アクション」に「水色の網掛け」がされ、有効になります。

「ジュークボックス」RTコンポーネントでは、「onExecute()」を有効にします。

「onInitialize()」は必ず有効になるので、「ジュークボックス」RTコンポーネントでは、「onInitialize()」と「onExecute()」を使うことになります。

[6.5]「RTコンポーネント」を新規に作る

図6-33 「RTコンポーネント」の「アクティビティ」設定

図6-34 「RTコンポーネント」の「アクティビティ」設定(その2)

④「データ・ポート」の設定

図6-35では、「ジュークボックス」RTコンポーネントの「データ・ポート」を設定します。

「ジュークボックス」RTコンポーネントには、「play_wav」という「RTC::TimedString型」の「音楽ファイル名」を出力する「出力ポート」を1つ定義します。

第6章 「RTコンポーネント」のプログラミング方法

図6-35 「RTコンポーネント」の「データ・ポート」設定

*

「データ・ポート」で入出力する「データ型」は、「データ型」のところで定義します。ここでは、データ型は「RTC::TimedString」型を選択してください。

ここには、**表6-1**の「基本データ型」のほかに、「ロボット・システム」でよく使われる「データ型」が、「拡張データ型」として数多く定義されています。

たいていの「RTコンポーネント」の場合、ここに定義されている「データ型」だけで事足りるでしょう。

*

しかし、ここに用意されている「データ型」では表現できないデータを扱いたい場合は、「独自のデータ型」を定義することができます。

「独自のデータ型」は、「サービス・ポート」の定義でも使った、「IDLファイル形式」で定義します。

*

「独自データ型」を使う場合は、「独自データ型」を定義した「IDLファイル」を作り、「RTCビルダー」にあらかじめ設定しておきます。

「OpenRTP」のメニューから[ウィンドウ]→[設定]を呼び出し、**図6-36**のように「RTC Builder」の「データ型定義」のところに作った「IDLファイル」が格納されている「ディレクトリ」を指定します。

[6.5]「RTコンポーネント」を新規に作る

こうすることで、「データ型」として、「独自定義したデータ型」が、「RTCビルダー」上で「参照可能」になります。

ただし、この「設定」は、「OpenRTP」の起動時に有効になるため、設定を変更した場合は、「OpenRTP」を再起動してください。

図6-36 「RTビルダー」の「独自データ型」の定義

⑤「サービス・ポート」の設定

「データ・ポート」の設定の次は、「サービス・ポート」の設定です。

＊

図6-37、図6-38に「サービス・ポート」の設定内容を示します。

「ジュークボックス」RTコンポーネントは、「オーディオ・サービス」の「コンシューマ」の設定を行ないます。

---

[1] まずは、「Add Port」ボタンを押下し、図6-37のとおり、「ポート名」(audio_service)を設定します。

図6-37 「RTコンポーネント」の「サービス・ポート」設定

第6章 「RTコンポーネント」のプログラミング方法

[2] 次に、「audio_service」を選択した状態で「Add Interface」ボタンを押下し、図6-38のとおり、「インターフェイス名」「IDLファイル」「インターフェイス型」「IDLパス」を設定してください。「インターフェイス名」の「方向」は、「コンシューマ」を表わす「Required」を選択します。

図6-38 「RTコンポーネント」の「サービス・ポート」設定（その2）

「IDLファイル」は、「6-4」のものと同じですが、工学社のサポートページからもダウンロード可能です（**MyIDL.zip**）。

http://www.kohgakusha.co.jp/support.html

ダウンロード後は、『DANⅡ世と遊ぼう』アプリと同じ「ディレクトリ」に、展開しておいてください。

⑥「コンフィグレーション」の設定
　図6-39は、「コンフィグレーション」の設定です。

「ジュークボックス」RTコンポーネントでは、「language」という「パラメータ」を1つ定義します。
　これは、取得した「音楽ファイルの一覧」を画面上に表示するときに、表示するメッセージの言語を、「日本語」にするか、「英語」にするかを指定するパラメータです。

デフォルト値は「ja」ですが、「ja」の場合は日本語で、それ以外の場合は「英語」でメッセージを表示するという仕様にしています。

[6.5]「RTコンポーネント」を新規に作る

図6-39「RTコンポーネント」の「コンフィギュレーション」設定

⑦「ドキュメント」の設定

図6-40は、「ソース・ファイル」中の「ドキュメント」(コメント)の出力設定です。

例では、特に何も設定していませんが、必要に応じて自由に設定してください。

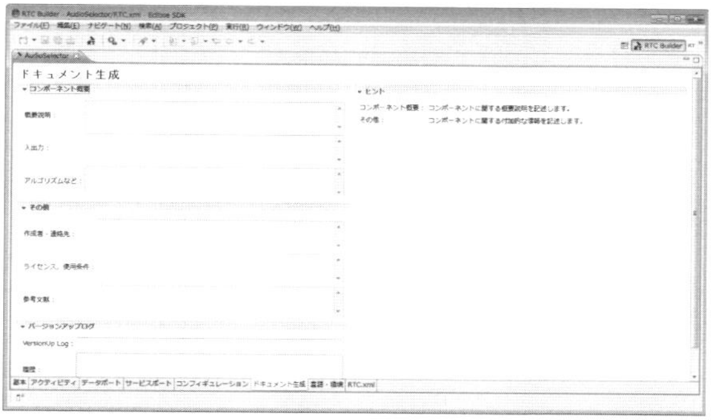

図6-40「RTコンポーネント」の「ドキュメント生成」設定

⑧「ソース・ファイルの言語」の設定

図6-41は、「ひな形」として生成する「ソース・ファイル」の「言語」の設定です。

今回は「C++言語」を使います。

図6-41「RTコンポーネント」の「言語・環境」設定

第6章 「RTコンポーネント」のプログラミング方法

⑨「RTコンポーネント」のコード生成

ここまで設定が完了したら、[基本]タブに戻って、「コード生成」ボタンを押下し、「ジュークボックス」RTコンポーネントの「ひな形」の「ソース・ファイル」を生成してください。

成功すると、図6-42のように「ひな形」の「ソース・ファイル」が生成されているはずです。

図6-42 「ジュークボックス」RTコンポーネントのディレクトリ構成

■「ジュークボックス」RTコンポーネントの「ロジック」の実装

「ジュークボックス」RTコンポーネントのプログラムを**リスト6-8**に示します。

「**6-3**」において、「シナリオ制御」RTコンポーネントを例に説明したとおり、「ジュークボックス」RTコンポーネントも同様に、「ロジック」以外のプログラムは、「RTCビルダー」によって自動生成されています。

「RTCビルダー」で設定した内容がどのように、「ソース・ファイル」や「ヘッダ・ファイル」に反映されているか、確認してみてください。

＊

「ジュークボックス」RTコンポーネントのロジックは、「AudioSelector.cpp」のアクション「onExecute()」に実装します。

164

リスト6-8 src¥AudioSelector.cpp

```cpp
#include "AudioSelector.h"

// Module specification
// <rtc-template block="module_spec">
static const char* audioselector_spec[] =
  {
    "implementation_id",   "AudioSelector",
    "type_name",           "AudioSelector",
    "description",         "${rtcParam.description}",
    "version",             "1.0.0",
    "vendor",              "SEC Co., Ltd.",
    "category",            "Tools",
    "activity_type",       "PERIODIC",
    "kind",                "DataFlowComponent",
    "max_instance",        "1",
    "language",            "C++",
    "lang_type",           "compile",
    // Configuration variables
    "conf.default.language", "ja",
    // Widget
    "conf.__widget__.language", "text",
    // Constraints
    ""
  };
// </rtc-template>

AudioSelector::AudioSelector(RTC::Manager* manager)
    // <rtc-template block="initializer">
  : RTC::DataFlowComponentBase(manager),
    m_wavFilenameOut("play_wav", m_wavFilename),
    m_audio_servicePort("audio_service")
    // </rtc-template>
{
}

AudioSelector::~AudioSelector()
{
}

RTC::ReturnCode_t AudioSelector::onInitialize()
{
  // Registration: InPort/OutPort/Service
```

第6章 「RTコンポーネント」のプログラミング方法

```cpp
  // <rtc-template block="registration">
  // Set InPort buffers

  // Set OutPort buffer
  addOutPort("play_wav", m_wavFilenameOut);

  // Set service provider to Ports

  // Set service consumers to Ports
   m_audio_servicePort.registerConsumer("audio_interface",
"AudioService::AudioInterface", m_audio_interface);

  // Set CORBA Service Ports
  addPort(m_audio_servicePort);

  // </rtc-template>

  // <rtc-template block="bind_config">
  // Bind variables and configuration variable
  bindParameter("language", m_language, "ja");
  // </rtc-template>

  return RTC::RTC_OK;
}

RTC::ReturnCode_t AudioSelector::onActivated(RTC::UniqueId ec_id)
{
  return RTC::RTC_OK;
}

RTC::ReturnCode_t AudioSelector::onExecute(RTC::UniqueId ec_id)
{
  RTC::TimedStringSeq* audioList
= m_audio_interface->getAudioList();                       …①

  int size = audioList->data.length();
  if (m_language.compare("ja") == 0)
  {
    std::cout << "音楽ファイルを選択してください" << std::endl;
  }                                                         …②
  else {
    std::cout << "Please select audio file" << std::endl;
  }
```

[6.5]「RT コンポーネント」を新規に作る

```cpp
  for (int i = 0; i < size; i++)
  {
    std::cout << "[" << i << "] " << audioList->data[i]
 << std::endl;
  }

  if (m_language.compare("ja") == 0)
  {
    std::cout << "数字を入力してください：";
  }
  else {
    std::cout << "Input number: ";
  }

  int number;
  std::cin >> number;
  if (number >= 0 && number < size)
  {
    m_wavFilename.data = audioList->data[number];           …③
    coil::TimeValue tm(coil::gettimeofday());
    m_wavFilename.tm.sec = tm.sec();
    m_wavFilename.tm.nsec = tm.usec() * 1000;

    m_wavFilenameOut.write();
  }

  return RTC::RTC_OK;
}
extern "C"
{
  void AudioSelectorInit(RTC::Manager* manager)
  {
    coil::Properties profile(audioselector_spec);
    manager->registerFactory(profile,
                             RTC::Create<AudioSelector>,
                             RTC::Delete<AudioSelector>);
  }
};
```

プログラム解説

リスト6-8 の①では、「オーディオ・サービス」の「コンシューマ」を利用して、「シナリオ制御」RT コンポーネントから「音楽ファイルの一覧」

を取得する処理を記述しています。

「サービス・ポート」の「コンシューマ」を利用して、他の「RTコンポーネント」のプロバイダを呼び出すのが、たったこれだけのプログラムですんでしまいます。

*

②では、取得した「音楽ファイルの一覧」を「コンソール」上に表示して、ユーザーに選択してもらう処理を記述しています。

「メッセージの表示言語」をパラメータで設定しましたが、プログラム上では「m_language」という変数に割り当てられています。
その値に応じて、画面に表示するメッセージを切り替えているのが分かると思います。

*

③では、ユーザーが選択した「音楽ファイル名」を後段の「RTコンポーネント」である「音声再生」RTコンポーネントに出力する処理です。

出力ポートに書き込まれるデータである「m_wavFilename」に出力する内容を設定してから、「出力ポート」(m_wavFilenameOut) の「write()」メソッドを呼び出すと、データが出力されます。

*

「ジュークボックス」RTコンポーネントの完全な「ソース・ファイル」や「ヘッダ・ファイル」は、工学社のサポートページからダウンロードできます (**AudioSelector.zip**)。必要に応じて参考にしてみてください。

*

「ジュークボックス」RTコンポーネントのプログラムが完成したら、「ビルド」しましょう。
手順は「6-3」のとおり、「CMake」で「ソリューション・ファイル」を生成し、「Visual Studio」でソリューションの「ビルド」を行なってください。

■「ジュークボックス」で遊んでみる【RTシステムエディタの使い方】

それでは、「ジュークボックス」RTコンポーネントを動かしてみましょう。
本項では、「RTコンポーネント」を実行する手順を説明していきます。

*

[6.5]「RTコンポーネント」を新規に作る

「RTコンポーネント」を実行するための手順を以下に示します。

[1] 「ネーム・サーバ」の起動
[2] 「RTコンポーネント」の起動
[3] 「RTシステムエディタ」の起動
[4] 「RTコンポーネント」間の「ポート」の接続
[5] 「RTコンポーネント」のActivate
[6] 「RTコンポーネント」のコンフィギュレーションの「確認/設定」
[7] 「RTコンポーネント」の終了

*

「RTコンポーネント」を起動し、実行するには、(a)「ネーム・サーバ」と(b)「RTシステムエディタ」というツールを利用して、手順をいくつか踏む必要があります。

*

まずは、一般的な「RTコンポーネント」の実行手順を、見ていきましょう。

[1] 「ネーム・サーバ」の起動

「RTコンポーネント」を起動する前に、まずは「ネーム・サーバ」を起動します。

「ネーム・サーバ」は、「RTコンポーネント」が通信をする際の「住所録」でした。

「RTコンポーネント」を起動するときには必ず必要になります。

*

「スタート・メニュー」から、[OpenRTM-aist 1.1] → [Tools] → [Start C++ Naming Service]を実行すると、「ネーム・サーバ」が起動します。

図6-43 「ネーム・サーバ」の起動

第6章 「RTコンポーネント」のプログラミング方法

[2] 「RTコンポーネント」の起動

「RTコンポーネント」は、「ソース・ファイル」を「ビルド」して作られた「実行ファイル」を、「エクスプローラ」から「ダブル・クリック」するなどし起動します。

以下の「実行ファイル」は、「Debugビルド」で生成されたものですが、「Releaseビルド」をしている場合は、読み替えてください。

・「ジュークボックス」RTコンポーネント

C:¥workspace¥AudioSelector¥src¥Debug¥AudioSelectorComp.exe

・「シナリオ制御」RTコンポーネント

C:¥workspace¥Scenario¥src¥Debug¥ScenarioComp.exe

・「音声再生」RTコンポーネント

C:¥workspace¥EasyRTC_RobotSystem¥RTC¥OpenHRI¥AdditionalAudio¥AudioPlayerRTC.exe

これで、3つのウィンドウが表示され、「RTコンポーネント」が起動しました。

しかし、このままでは「RTコンポーネント」たちは「ジュークボックス」として機能しません。

「RTコンポーネント」同士を「ポート」で接続して、状態に応じた「アクション」を実行することで、はじめて、「RTコンポーネント」に実装された機能が動きだします。

[3] 「RTシステムエディタ」の起動

そこで登場するのが、「RTシステムエディタ」です。

「RTシステムエディタ」は、「RTコンポーネント」の「ポートを接続」したり、「状態を変更」したり、「パラメータを変更」したりするための、「RTミドルウェア」のツールです。

*

それでは、「RTシステムエディタ」を使ってみましょう。

[6.5]「RTコンポーネント」を新規に作る

＊

「RTシステムエディタ」は、「RTCビルダー」と同じく、「Eclipse」のプラグインとして動作します。

① 「スタート・メニュー」から、[OpenRTM-aist 1.1] → [Tools] → [OpenRTP 1.1.0] を起動してください。

② 「OpenRTP」が起動したら、[ウィンドウ] → [パースペクティブを開く] → [その他] から「RT System Editor」を選びます。

③ 「RTシステムエディタ」が起動すると、図6-44のような画面が表示されます。

「Open New System Editor」ボタンを押下し、新しい「RTシステムエディタ」を開きます。

④ 次に、「RTシステムエディタ」と「ネーム・サーバ」を接続します。

図6-45のように「ネーム・サーバを追加」ボタンを押下すると、図6-46のダイアログが表示されるので、「localhost:2809」と入力し、「OK」ボタンを押下します。

これは、「自ホスト」(localhost) の「2809ポート」で起動している「ネーム・サーバ」に接続する、という設定です。

「ネーム・サーバ」との通信は、デフォルトで「2809ポート」を使います。

図6-44　RTシステムエディタ

第6章 「RTコンポーネント」のプログラミング方法

図6-45 「ネーム・サーバ」との接続（RTシステムエディタ）

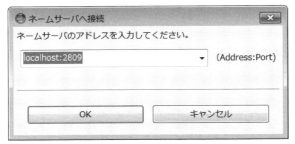

図6-46 「ネーム・サーバ」との接続設定

[4] 「RTコンポーネント」間の「ポート」の接続

「ネーム・サーバ」との接続が成功すると、図6-47のように「ネーム・サーバ・ビュー」に起動した「RTコンポーネント」が表示されます。

図6-47 「ネーム・サーバ・ビュー」（RTシステムエディタ）

こんどは、「RTコンポーネント」をドラッグして、図6-48の「システム・

[6.5]「RTコンポーネント」を新規に作る

ダイアログ」にドロップしてみてください。

「ポート」をもった「RTコンポーネント」が表示されます。

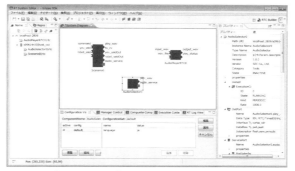

図6-48 「システム・ダイアグラム」(RTシステムエディタ)

＊

次は「ポート」を接続します。

「接続元のポート」をクリックし、「接続先のポート」までドラッグします。

図6-49のとおり、(a)「シナリオ制御」RTコンポーネントと「ジュークボックス」RTコンポーネントの「オーディオ・サービス」の「サービス・ポート」、(b)「ジュークボックス」RTコンポーネントと「音声再生」RTコンポーネントの「データ・ポート」を接続してください。

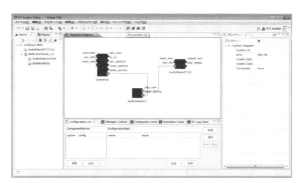

図6-49 「ポートの接続」(RTシステムエディタ)

「RTコンポーネント」の「ポート」接続時には、図6-50の「ポート接続時の設定ダイアログ」が表示されますが、とりあえず、そのまま、「OK」

第6章 「RTコンポーネント」のプログラミング方法

ボタンを押下すれば大丈夫です。

詳細を知りたい方は、「OpenRTM-aist」のホームページで調べてみてください。

図6-50 「ポート」を接続したときの設定

[5] 「RTコンポーネント」の Activate

図6-49に表示されている3つの「RTコンポーネント」は、「青色」で表示されます。

これは「RTコンポーネント」が「Inactive状態」であることを表わしています。

「RTコンポーネント」を動作させるには、「RTコンポーネント」の状態を「Inactive状態」から「Active状態」に変更して、「onExecute()」アクションが実行されるようにする必要があります。

＊

「RTシステムエディタ」では、「RTコンポーネント」の状態を変更することもできます。

「All Activate」ボタンを押下すると、「RTコンポーネント」の状態が「Active状態」になり、色が「緑」に変わります（**図6-51**）。

なお、「RTコンポーネント」で「エラー」が発生したときは、色が「赤」

[6.5]「RT コンポーネント」を新規に作る

になります。

*

「ジュークボックス」RT コンポーネントが「Active 状態」になると、「シナリオ制御」RT コンポーネントから「音楽ファイルの一覧」を取得し、図 6-52 のように画面上に表示します。

演奏したい「音楽ファイル」を「数字」で入力してみてください。

「音楽ファイル」は、「Sound ディレクトリ」に「WAV ファイル形式」のものを置けば、なんでも演奏可能です。
「ジュークボックス」を楽しんでみてください。

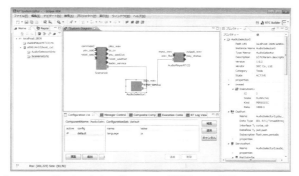

図 6-51　「RT コンポーネント」の「Active 状態」への変更 (RT システムエディタ)

図 6-52　「ジュークボックス」RT コンポーネントの実行画面

第6章 「RTコンポーネント」のプログラミング方法

[6] 「RTコンポーネント」のパラメータの「確認/設定」

「RTシステムエディタ」では、「RTコンポーネント」のコンフィギュレーションを「確認」したり、「変更」したりできます。

「ジュークボックス」RTコンポーネントには、「language」というパラメータを定義していましたので、確認してみましょう。

*

図6-53の「コンフィギュレーション・ビュー」に「language」が「ja」と表示されているのが確認できると思います。

この「Value」の「ja」を「en」と変更し、「適用」ボタンを押下してみてください。

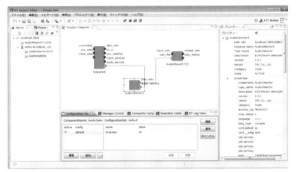

図6-53 「コンフィギュレーション」の変更（RTシステムエディタ）

その後、「ジュークボックス」RTコンポーネントの画面で一度音楽ファイルを選択すると、図6-54のように、「ジュークボックス」RTコンポーネントの画面表示が「英語」になります。

「コンフィギュレーション」の機能を使うと、このように動的に「RTコンポーネント」の動きを変えることができるのです。

[6.5]「RTコンポーネント」を新規に作る

図6-54 「ジュークボックス」RTコンポーネントの実行画面(英語)

[7] 「RTコンポーネント」の終了
　「RTシステムエディタ」の使い方の最後です。
　「RTコンポーネント」の終了方法も伝えておきましょう。

＊

　図6-55のように、「All Deactivate」ボタンを押下し、「RTコンポーネント」を「Inactive状態」にした後に、「RTコンポーネント」を選択して、「右クリック」で表示されるメニューから[Exit]を実行します。
　これで「RTコンポーネント」が終了します。

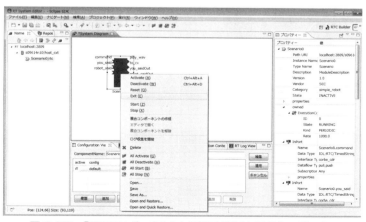

図6-55 「RTコンポーネント」の終了(RTシステムエディタ)

第6章 「RTコンポーネント」のプログラミング方法

なお、「ジュークボックス」RTコンポーネントは、「音楽ファイルの入力待ち状態」になっているため、「All Deactivate」を実行しただけでは、「Inactive状態」に切り替わりません。画面から数字を一度入力すると、「Inactive状態」に遷移することができます。

「ネーム・サーバ」は、起動したウィンドウを閉じて終了します。

＊

今回開発した「ジュークボックス」機能は、3つの「RTコンポーネント」だけで動作を確認しました。
『DAN Ⅱ世と遊ぼう』アプリ全体と組み合わせることも、もちろん可能です。
ここでは説明はしませんが、試してみてください。

＊

少し手順が多かったですが、「RTコンポーネント」の「起動／実行」の手順は理解できたでしょうか。
これが基本的な手順なので、まずは「操作手順」を覚えてください。

ところで、**第2章**で『DAN Ⅱ世と遊ぼう』アプリで遊んだときは、このような手順は不要で、「startバッチ」を起動するだけでした。

『DAN Ⅱ世と遊ぼう』アプリでは、(a)「ネーム・サーバを起動する」、(b)「RTコンポーネント間のポートを接続する」など、本項で説明した手順はプログラムによって自動化しています。

「RTコンポーネント」の開発時にはここに示した手順を用いることが多いですが、実際にアプリケーションを配付して、多くの人に使ってもらう場合には、『DAN Ⅱ世と遊ぼう』アプリと同じように、「起動」や「終了」の手順を簡略化するなどの工夫が必要になってきます。

6.6 「RTコンポーネント」を開発していくために

　前節までで、「RTコンポーネント」のプログラミングに関する説明はおしまいです。今回紹介した「RTコンポーネント」の開発手順を参考に、これから自分で「RTコンポーネント」を開発していってください。

　この章の最後に、今後、皆さんが「RTコンポーネント」を開発していくためのヒントになる情報を提供しておきます。

■「RTコンポーネント」設計のコツ

　第1章で、「ロボットの製作は専門性が高く、難しい」という話をしました。
　そして、それを打破し、誰でも簡単に、効率良くロボットが製作できるようにするのは、「餅は餅屋」の発想であり、「部品化」「オープン化」の考え方が不可欠であるとお伝えしました。

　「ロボット・システム」の開発において、「部品化」「オープン化」を手助けする「フレームワーク」が、本書を通して解説してきた「RTミドルウェア」です。

＊

　「RTミドルウェア」を使うことによって享受できるメリットは以下の6点でした。

① 「マルチプラットホーム化」が容易
② 「ネットワーク」上での「分散配置」
③ 「再利用性」の向上
④ 「選択肢」の多様化
⑤ 「柔軟性」の向上
⑥ 「信頼性」「堅牢性」の向上

　このうち、「マルチプラットホーム化が容易」「ネットワーク上での分散配置」は、「RTミドルウェア」が提供している機能によるものです。
　残りの「再利用性の向上」「選択肢の多様化」「柔軟性の向上」「信頼性・堅牢性の向上」については、「RTコンポーネント」の設計の如何によって、良し悪しが決まってきます。

＊

第6章 「RTコンポーネント」のプログラミング方法

それでは、どのように「RTコンポーネント」を設計すれば、前述のメリットを享受できるのでしょうか。

＊

「RTコンポーネント」の「設計のコツ」は、以下の2点であると考えます。

---

① 「RTコンポーネント」の「役割を明確」にする
② 「RTコンポーネント」間の「インターフェイスの共通化」を図る

---

① 「RTコンポーネント」の「役割を明確」にする

「RTコンポーネント」を設計するにあたり、最初に行なうべきことは、「RTコンポーネント」は「どういう役割を担うのか」「どのような機能をもたせるのか」を考え、明確に定義することです。

＊

こうした「RTコンポーネント」が担うべき「責任範囲」が明確でなくても、「動くRTコンポーネント」は作れます。

しかし、「RTコンポーネント」の「責任範囲」が明確でないと、「再利用性の向上」「選択肢の多様化」「柔軟性の向上」につながる、汎用的で、再利用性のある、「RTコンポーネント」にはなりません。

「RTコンポーネント」に限らず、ソフトの設計に絶対唯一の解はありません。
「RTコンポーネント」の責任範囲をどのように定義するかは難しいテーマで、「ソフト設計」の深遠な課題です。

＊

「RTコンポーネントの責任範囲」を明確にするためのガイドラインの1つは、「RTの3つの要素」である、①「センシング」、②「コントロール」、③「アクチュエーション」の考え方です。

『DAN Ⅱ世と遊ぼう』アプリを通しても説明してきましたが、皆さんが開発しようとする「RTコンポーネント」が、この3つの要素のどこに当てはまるのかを考えて設計することで、「RTコンポーネントの役割」がおのずと明確になります。

② 「RTコンポーネント」間の「インターフェイスの共通化」を図る

次に重要なポイントは、「RTコンポーネント」間の「インターフェイス

[6.6]「RT コンポーネント」を開発していくために

の共通化」を図るということです。

ここでいう「インターフェイスの共通化」とは、「データ・ポート」や「サービス・ポート」で扱う「データ型の共通化」です。

「RT コンポーネント」は、「ポート」で扱う「データ型」が異なっていると、「ポート」を接続することができません。「選択肢の多様化」として、「同種の RT コンポーネント」を「置き換え可能」にするためにも、「インターフェイスの共通化」は大事なポイントです。

「インターフェイスの共通化」に関するガイドラインは、「OpenRTM-aist」の公式サイトで公開されています。参考にしてみてください。

・OpenRTM-aist 公式サイト URL

http://www.openrtm.org/openrtm/ja/content/openrtm-aist-official-website

図 6-56 「RT コンポーネントの共通 I/F 仕様」(OpenRTM-aist 公式サイト)
「ホーム >> プロジェクト >> 仕様・文書等 >> 共通 I/F 仕様書について」

第6章 「RTコンポーネント」のプログラミング方法

■ 今すぐ使える「RTコンポーネント」

「OpenRTM-aist」の公式サイトには、(a)「1-2」に示した「NEDOのロボット関連のプロジェクトで開発された成果」や、(b)「RTミドルウェアコンテストの入賞作品」など、有用な「RTコンポーネント」が数多く公開されています。

ここで公開されている「RTコンポーネント」は、ダウンロードして、自分の「ロボット・システム」で使ったり、自分で開発する「RTコンポーネント」の参考にしたりして、ぜひ活用してください。

図6-57 公開されている「RTコンポーネント」(OpenRTM-aist公式サイト)
「ホーム >> プロジェクト >> RTコンポーネント」

■「OpenRTM-aist」の公式サイト

本書では、「RTミドルウェア」の入門書としての流れを壊さないために、「RTミドルウェアの機能」や「RTコンポーネントの開発・利用の仕方」の一部分だけを紹介しています。

もっと詳しく知りたい方は、「OpenRTM-aist」のホームページを活用してみてください。

「OpenRTM-aist」の詳細なドキュメントは、「OpenRTM-aistの公式サイト」で見ることができます。

[6.6]「RTコンポーネント」を開発していくために

図 6-58 「OpenRTM-aist のマニュアル」(OpenRTM-aist 公式サイト)
「ホーム >> ドキュメント」

また、「OpenRTM-aist の公式サイト」には、「OpenRTM-aist の技術情報」をコミュニティで情報共有するために、「フォーラム」や「メーリングリスト」が用意されています。

分からないことや、困ったことがあったら、コミュニティに参加している皆さんがいろいろ教えてくれたり、支援してくれたりします。積極的に活用してください。

第7章

「ロボット・システム」への適用

最終章の本章では、コンピュータ上の「DANⅡ世」ではなく、実際のロボットシステムに適用した事例を紹介し、まとめとします。

7.1 「ロボット・システム」への適用

本書では、「RTミドルウェア」を理解していただくために、皆さんの手元のパソコンで動作するアプリケーションを取り上げて解説してきました。

最後は、実際の「ロボット・システム」に適用した事例を紹介します。

■ 受付ロボット

「3-1」で述べたとおり、セックでは、2007年からロボット防犯システムを開発し、「受付ロボット・システム」へと発展させてきました。

発展経緯の中で、「RTミドルウェア」を使うことのメリットを最大限に享受し、変更、改良を加えて現在に至っています。

そして、2014年には、(株)トラストシステムに納入し、実際に受付で利用されています。

図7-1　受付ロボット

[7.1]「ロボット・システム」への適用

　この「受付ロボット」に、本書で扱ってきた『DAN Ⅱ世と遊ぼう』プログラムを適用してみます。

*

　図7-2を見てください。
　『DAN Ⅱ世と遊ぼう』プログラムを「受付ロボット」に適用するために必要なことは、「コンポーネント構成」はそのままにして、○で囲った「アクチュエーション処理部」の内容を「受付ロボット」用に書き換えるだけです。

　『DAN Ⅱ世と遊ぼう』プログラムでは、「アクチュエーション処理部」は、「Android端末」の制御を司っていました。
　しかし、「受付ロボット」では、「ロボット」の「モータ」を制御する処理になります。

　この「受付ロボット」は「セック」のオリジナルなので、「モータ制御」の詳細な記述は避けますが、手持ちの「ロボット」があれば、ぜひ、制御してみてください。

　第6章まで読んでいただいた方であれば、それが可能です。
　バーチャルな「DAN Ⅱ世」から、リアルな「ロボット制御」の世界に踏み出してください。

　このときに、『DAN Ⅱ世と遊ぼう』プログラムでの「アクチュエーション処理部」が「WiFi」でつながれた「Android端末」であったように、みなさんがつなぐ「ロボット」も、「WiFi」でつなぐことができれば、「アクチュエーション処理部」だけを「ロボット」に載せ、「音声処理」などは、「ロボット」とは別のパソコン上にあってもかまいません。

*

　第1章で記述したように、「RTミドルウェア」では、「ネットワーク分散」が容易なので、**図7-2**の「コンポーネント」すべてを「ロボット」に載せてもいいですし、「アクチュエーション処理部」だけ載せてもいいのです。

第7章 「ロボット・システム」への適用

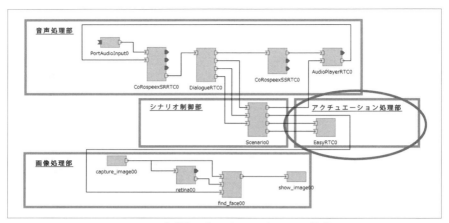

図7-2 「受付ロボット」コンポーネント構成

「受付ロボット」に『DAN Ⅱ世と遊ぼう』プログラム適用した結果の動画を、工学社ホームページ (http://www.kohgakusha.co.jp/support.html) にアップしてあります。参考にしてください。

7.2　エピローグ

「ロボット」には夢があります。「ロボット」という言葉には、何かワクワクするものを感じます。
　一方、「ロボットの製作」は、難しい、という現実があります。

　第 1 章で述べたとおり、「ロボット」は最先端技術の集合体です。「ロボット製作」は、専門性をもった人たちが集まって、ようやく実現できる、遠い存在のように思えます。

　本書は、この「夢」と「現実」を近づけることにチャレンジしました。
　専門性が必要な部分は、専門家の知恵を拝借する「餅は餅屋」の発想で、実践的な内容とすることで、動く実感を得ていただくようにしました。

　私たちのチャレンジは成功したでしょうか。
　専門性がなくとも、「ロボット」の入り口に立てる実感を持てたでしょうか。

*

「ロボット」は研究のための技術ではありません。
　実用化を推し進め、私たちの生活全般を豊かにしていくための技術です。
　この本の読者が、「ロボット」と共生する未来社会の各所で活躍されることを祈念しつつ、結びとします。

　最後までお読みいただき、ありがとうございました。

コラム　RT ミドルウェア・コンテスト

　本文で「RT ミドルウェア」の入り口に立ったら、ぜひ、「RT ミドルウェア・コンテスト」に応募してみましょう。

　「RT ミドルウェア・コンテスト」とは、文字通り、「RT ミドルウェア技術」に関わるコンテストです。

　コンテストの応募対象は、「RT コンポーネント」はもちろんのこと、「RT ミドルウェア技術」を利用したさまざまなツール類の他、既存のコンポーネントを組み合わせた「ロボット・システム」そのものも対象となります。

＊

　「ロボットビジネス推進協議会」「計測自動制御学会」「産総研ロボットイノベーション研究センター」の共同主催に加え、本コンテストに賛同する団体や個人の協賛で実施されています。

　2007 年から始まり、今や伝統行事となっています。

＊

　「コンテストの特徴」は、以下のとおりです。

- 計測自動制御学会システムインテグレーション部門講演会枠で実施。
- 学術講演会枠での実施のため、予稿集用原稿必須。
- 事前に応募作品を公開し、一般ユーザーのコメントを受ける。
- 応募作品のそのものの良し悪しだけでなく、ユーザーコメントへの対応、マニュアルの充実度、講演会でのプレゼンテーションなどの総合評価。
- 協賛団体、個人が多く、賞が多い (例年 20 件程度の表彰)。
- 賞は複数獲得が可能。

＊

　「賞の構成」は以下のとおりです。

- 最優秀賞 (学会賞)：1 件、副賞 10 万円
- 奨励賞 (賞品協賛)：若干、製品提供
- 奨励賞 (団体協賛)：若干、副賞 2 万円
- 奨励賞 (個人協賛)：若干、副賞 1 万円

＊

　これは「学術講演会」の枠で行なわれますが、「学会」という雰囲気はなく、例年、熱気を帯びた盛り上がりの中で行なわれます。

　私たちにとっても楽しみなイベントで、毎回気付きことの多いイベントです。

　本書で「RT ミドルウェア」に触れた方の参加をお待ちしております。

おわりに

最後になりましたが、国立大学法人電気通信大学の佐藤俊治准教授ならびに研究室のみなさま方には、本書の構成につながる多くの助言や画像認識に関する知見をいただきました。

国立研究開発法人情報通信研究機構の杉浦孔明主任研究員には、クラウド型音声コミュニケーションツールキット（rospeex）の本書での使用をご快諾いただきました。

国立研究開発法人産業技術総合研究所の比留川博久研究センター長、中坊嘉宏様、安藤慶昭様、原功様には、RTミドルウェア全般に関して終始お世話になっております。

玉川大学の下斗米貴之様には、RTミドルウェアコンテストの成果を活用させていただきました。

最後に、国立研究開発法人新エネルギー・産業技術総合開発機構のみなさまには、平素から何かと相談に乗っていただいております。

その他、個別にお名前は挙げませんが、これまで多くの方に支えられてきたおかげで、本書があると認識しております。ここに深く謝意を表します。

索　引

《五十音順》

《あ行》
- **あ** アクション……… 120,122,158
- アクチュエーション ……… 14
- アクチュエーション処理部… 100
- アクティビティ ……… 119,158
- **い** インストール… 36,37,128,129
- インターフェイス ……… 119
- インターフェイスの共通化… 181
- **う** 受付ロボット ……… 23,184
- **お** 応答生成 ……… 52
- オープン化 ……… 14
- 音声合成 ……… 52
- 音声合成 RT コンポーネント… 60
- 音声合成ソフト ……… 67
- 音声コミュニケーション
  ツールキット ……… 70
- 音声サービス ……… 53
- 音声再生 RT コンポーネント… 61
- 音声処理部 ……… 50
- 音声入力 RT コンポーネント… 54
- 音声認識 ……… 52
- 音声認識 RT コンポーネント… 55
- 音声認識ソフト ……… 66

《か行》
- **か** 開発環境 ……… 127
- 会話処理 ……… 69
- 会話制御 ……… 58
- 会話制御 RT コンポーネント… 57
- 顔検出の画像処理 RT コン
  ポーネント ……… 84
- 拡張データ型 ……… 160
- 画像処理部 ……… 78
- 画像データ ……… 79
- 画像入力 RT コンポーネント… 81
- 画像表示 RT コンポーネント… 86
- **き** 基本データ型 ……… 117,160
- **く** クラウド・サービス… 32,43,52
- **こ** コミュニケーション・ロボット… 30
- コンシューマ ……… 119,147,153

- コントロール ……… 14
- コンフィギュレーション… 124,162
- コンフィギュレーション・ファイル… 124
- コンポーネント化 ……… 25

《さ行》
- **さ** サービス・ポート… 118,147,161
- サービス・ポートの定義… 145,149
- 再利用性 ……… 18
- 雑談対話 ……… 59
- 産総研 ……… 13,63,106,127
- **し** 時間情報 ……… 117
- 実行コンテキスト… 121,157
- 実行周期 ……… 157
- シナリオ制御 RT コンポーネント
  ……… 109,132
- シナリオ制御部 ……… 107
- シミュレーション ……… 96
- ジュークボックス RT コンポーネント
  ……… 153
- 出力ポート ……… 116,139,140
- 順序の再現性 ……… 96
- 初期化 ……… 136
- **す** スケルトン ……… 147
- スケルトン・クラス ……… 153
- スタブ ……… 147
- ステップ実行 ……… 97
- **せ** セック ……… 16,104,184
- 遷移状態 ……… 119
- センシング ……… 14,123

《た行》
- **た** タイマー ……… 121
- 対話確認端末アプリ RT コン
  ポーネント ……… 102
- 玉川大学脳科学研究所… 74
- **ち** 知識 Q&A ……… 59
- **て** データ・ポート ……… 116,159
- データ・ポートの定義 ……… 139
- データ型の共通化 ……… 181
- 電気通信大学 ……… 25,88,96
- **と** 独自のデータ型 ……… 160
- ドコモ API ……… 52,59

- トラストシステム ……… 184

《な行》
- **に** 入力ポート ……… 116,139,140
- 認識科学 ……… 25
- **ね** ネーム・サーバ ……… 125
- ネーム・サーバの起動… 169
- ネットワーク ……… 18,125
- **の** 脳の処理部位 ……… 25

《は行》
- **は** 発話区間検出 ……… 76
- 発話区間検出 RT コンポーネント
  ……… 74
- パラメータ ……… 124,139
- パラメータの確認／設定… 176
- **ひ** ひな形 ……… 131
- ビルド方法 ……… 140
- **ふ** 負荷分散 ……… 18
- 部品化 ……… 11,14
- プログラム開発の流れ… 131
- プロバイダ ……… 119,147
- 分散オブジェクト技術… 125,146
- 分散配置 ……… 18
- **ほ** ポート ……… 115,181
- ポートの接続 ……… 172

《ま行》
- **ま** マルチ・プラットフォーム… 17
- **も** 網膜の模倣画像処理 RT コン
  ポーネント ……… 83

《や行》
- **ゆ** 有用な RT コンポーネント… 182

《ら行》
- **ろ** ロスピークス ……… 70
- ロボット ……… 7,186
- ロボット防犯システム… 22,184

索 引

アルファベット順

《A》
Active 状態 ····· 120,121,122,123,140,174
Alive 状態 ········ 120,121,136
Android ········ 37,45,100,104

《C》
CameraImage ················ 87
CMake ···················· 131,140
conf ファイル ················ 124
CORBA ·········· 106,125,146
Created 状態 ················ 120

《D》
DAN Ⅱ世 ····················· 30
DAN Ⅱ世と遊ぼうアプリ … 31,34

《E》
Eclipse ························ 155
Error 状態 ········ 120,121,122

《F》
Festival ······················ 67

《G》
Google ······················· 53
gWaveCutter ················ 74

《H》
HI-brain ················ 90,91,99

《I》
IDL コンパイラ ··············· 147
IDL ファイル … 133,146,153,160
Inactive 状態 ····· 120,121,123,136,174,177
InPort ·························· 116
isNew() ······················· 140

《J》
Julius ························· 66

《N》
NEDO ························ 12
NICT ···················· 32,43,52
NTT docomo ········· 32,43,52

《O》
OMG ·························· 13
onAborting() ················· 121
onActivated() … 121,123,140
onDeactivated() … 121,123,140
onError() ····················· 122
onExecute() … 122,140,158,174
onFinalize() ················· 121
onInitialize() ···· 121,140,158
onReset() ···················· 121
Open JTalk ···················· 67
OpenCV ······· 32,80,84,86,87
OpenCV-RTC ········· 88,90,98
OpenCV 関数一覧 ············ 91
OpenHRI ······················ 63
OpenHRIAudio パッケージ … 65
OpenHRIVoice パッケージ … 66
OpenHRIWeb パッケージ … 69
OpenRTM ···················· 106
OpenRTM-aist ······· 16,87,127,129,181,182
OpenRTP ···················· 155
OutPort ······················· 116

《P》
PyRTseam ···················· 75

《R》
read() ························· 140
ROS ························ 70,87
rospeex ······················· 70
RPC ··························· 119
RT(Robot Technology) … 13,14
RTC ··························· 14
RTC Builder ················· 131
RTC::Manager クラス ··· 136
RTC::RtcBase クラス ····· 136
RTC 標準仕様 ··············· 14
RTC ビルダー ·········· 131,133

RTC ビルダーの使い方 … 155
RTM on Android ··········· 104
RtORB ······················ 106
RT コンポーネント ·········· 14
RT コンポーネントの Activate ····· 174
RT コンポーネントのアーキテクチャ ····· 114
RT コンポーネントの起動 … 170
RT コンポーネントの終了 … 177
RT システムエディタ ····· 155,168,176
RT システムエディタの起動 … 170
RT ミドルウェア … 12,13,14,127
RT ミドルウェアの種類 … 16
runManager() ··············· 136

《S》
SEATSAT パッケージ ····· 69

《V》
Visual Studio ················ 128

《W》
write() ························ 140

[著者略歴]

長瀬 雅之（ながせ・まさゆき）

1985年　静岡大学理学部地球科学科卒業。
同　年　（株）セック入社。
「はやぶさ」「ひので」など人工衛星のソフトウェア開発に従事。
2003年からRTミドルウェアに関わる。
その後、各種ロボット委員会、日本ロボット学会理事、NEDOプロジェクト責任者など歴任。
学会論文投稿、書籍執筆、Web記事執筆に多数関与。

川口 仁（かわぐち・しのぶ）

1986年　早稲田大学教育学部社会科社会科学専修卒業。
同　年　（株）セック入社。
社会インフラや宇宙先端分野のソフトウェア開発に従事。2007年よりORiNやRTMを利用したロボットプロジェクトや学術論文投稿にも多数関与。RTM on Android開発に参画。
本書で紹介しているrospeexやOpenCV-RTCの開発にも協力。

中本 啓之（なかもと・ひろゆき）

1996年　東海大学工学部航空宇宙学科卒業。
同　年　（株）セック入社。
宇宙分野のソフトウェア開発を経て、2003年よりRTMやRSiなどのロボット技術標準化活動を推進しつつ、多数のロボットプロジェクトに従事。
学術論文投稿や書籍の執筆にも多数関与。

本書の内容に関するご質問は、
① 返信用の切手を同封した手紙
② 往復はがき
③ FAX(03)5269-6031
　（返信先のFAX番号を明記してください）
④ E-mail　editors@kohgakusha.co.jp
のいずれかで、工学社編集部あてにお願いします。
なお、電話によるお問い合わせはご遠慮ください。

I/O BOOKS
RTMではじめるロボットアプリ開発

平成27年8月25日　初版発行　ⓒ 2015	著　者	（株）セック [長瀬 雅之／川口 仁／中本 啓之]
	編　集	I/O編集部
	発行人	星　正明
	発行所	株式会社 **工学社**
		〒160-0004 東京都新宿区四谷4-28-20 2F
	電　話	(03)5269-2041(代) [営業]
		(03)5269-6041(代) [編集]
※定価はカバーに表示してあります。	振替口座	00150-6-22510

[印刷] 図書印刷(株)　　　　　　　　　　　　　　　ISBN978-4-7775-1911-8